农业职业技能鉴定

全国农业职业技能培训教材

设施养猪
装备操作工

（初级 中级 高级）

农业部农业机械试验鉴定总站
农业部农机行业职业技能鉴定指导站 编

中国农业科学技术出版社

图书在版编目（CIP）数据

设施养猪装备操作工：初级　中级　高级／农业部农业机械试验鉴定总站，农业部农机行业职业技能鉴定指导站编 . —北京：中国农业科学技术出版社，2014.7

全国农业职业技能培训教材

ISBN 978 – 7 – 5116 – 1599 – 2

Ⅰ . ①设…　Ⅱ . ①农…②农…　Ⅲ . ①养猪学 – 技术培训 – 教材　Ⅳ . ①S828

中国版本图书馆 CIP 数据核字（2014）第 066634 号

责任编辑	姚　欢
责任校对	贾晓红

出 版 者	中国农业科学技术出版社
	北京市中关村南大街 12 号　邮编：100081
电　　话	（010）82109704（发行部）　（010）82106636（编辑室）
	（010）82109703（读者服务部）
传　　真	（010）82106636
网　　址	http://www.castp.cn
经 销 者	各地新华书店
印 刷 者	北京富泰印刷有限责任公司
开　　本	787 mm×1 092 mm　1/16
印　　张	10.5
字　　数	230 千字
版　　次	2014 年 7 月第 1 版　2014 年 7 月第 1 次印刷
定　　价	28.00 元

前　　言

党和国家高度重视农业机械化发展，我国农业机械化已经跨入中级发展阶段。依靠科技进步，提高劳动者素质，加强农业机械化教育培训和职业技能鉴定，是推动农业机械化科学发展的重大而紧迫的任务。中央实施购机补贴政策以来，大量先进适用的农机装备迅速普及到农村，其中，设施农业装备的拥有量也急剧增加。农民购机后不会用、用不好、效益差的问题日益突出。

为适应设施农业装备操作人员教育培训和职业技能鉴定工作的需要，农业部农机行业职业技能鉴定指导站组织有关专家，编写了一套全国农业职业技能鉴定用培训教材——《设施农业装备操作工》。该套教材包含了《设施园艺装备操作工》《设施养牛装备操作工》《设施养猪装备操作工》《设施养鸡装备操作工》和《设施水产养殖装备操作工》5 本。

该套教材以《NY/T 2145—2012——设施农业装备操作工》（以下简称《标准》）为依据，力求体现"以职业活动为导向，以职业能力为核心"的指导思想，突出职业技能培训鉴定的特色，本着"用什么，考什么，编什么"的原则，内容严格限定在《标准》范围内，突出技能操作要领和考核要求。在编写结构上，按照设施农业装备操作工的基础知识、初级工、中级工和高级工四个部分编写，其中，基础知识部分涵盖了《标准》的"基本要求"，是各等级人员均应掌握的知识内容；初、中、高级工部分分别对应《标准》中相应等级的"职业功能"要求，并将相关知识和操作技能分块编写，且全面覆盖《标准》要求。在编写语言上，考虑到现有设施农业装备操作工的整体文化水平和本职业技能特征鲜明，教材文字阐述力求言简意赅、通俗易懂、图文并茂。在知识内容的编排上，教材既保证了知识结构的连贯性，又着重于技能掌握所必须的相关知识，力求精炼浓缩，突出实用性、针对性和典型性。

该套教材在编写过程中得到了农业部规划设计研究院、北京市农业机械试验鉴定推广站、内蒙古自治区农牧业机械质量监督管理站、金湖小青青机电设备有限公司、江苏省连云港市农机推广站等单位的大力支持，在此一并表示衷心的感谢！

由于编写时间仓促，水平有限，不足之处在所难免，欢迎广大读者提出宝贵的意见和建议。

农业部农机行业职业技能鉴定教材编审委员会

2014 年 1 月

目　　录

第一部分　职业道德与基础知识

第二部分 设施养猪装备操作工——初级技能

第三部分　设施养猪装备操作工——中级技能

第一部分 职业道德与基础知识

第一章 设施农业装备操作工职业道德

第一节 职业道德基本知识

一、道德的含义

道德是一种社会意识形态，是人们共同生活及其行为的准则和规范。它以善恶、是非、荣辱为标准，调节人与人之间、个人与社会之间的关系。它依据社会舆论、传统文化和生活习惯来判断一个人的品质，它可以通过宣传教育和社会舆论影响而后天形成，它依靠人们自觉的内心观念来维持。道德很多时候跟"良心"一起谈及，良心是指自觉遵从主流道德规范的心理意识。党的十八大报告指出："全面提高公民道德素质，这是社会主义道德建设的基本任务。要坚持依法治国和以德治国相结合，加强社会公德、职业道德、家庭美德、个人品德教育，弘扬中华传统美德，弘扬时代新风。"社会主义道德建设要坚持以为人民服务为核心，以集体主义为原则，以爱祖国、爱人民、爱劳动、爱科学、爱社会主义为基本要求。

二、职业道德及其特点

1. 职业道德的含义及内容

职业道德是指从事一定职业的人员在工作和劳动过程中所应遵守的、与其职业活动紧密联系的道德规范和行为准则的总和。职业道德包括职业道德意识、职业道德守规、职业道德行为规范，以及职业道德培养、职业道德品质等内容。要大力提倡以爱岗敬业、诚实守信、办事公道、服务群众、奉献社会为主要内容的职业道德。

2. 职业道德的特点

职业道德作为社会道德的重要组成部分，是社会道德在职业领域的具体反映。其特点是：在职业范围上，职业道德具有规范性；在适用范围上，职业道德具有有限性；在形式上，具有多样性；在内容上，具有较强的稳定性和连续性。

3. 职业道德的意义

学习和遵守职业道德，有利于推动社会主义物质文明和精神文明建设；有利于提高本行业、企业的信誉和发展；有利于个人品质的提高和事业的发展。

三、职业素质的内容

职业素质是指劳动者通过教育、劳动实践和自我修养等途径而形成和发展起来的，在职业活动中发挥重要作用的内在基本品质。职业素质包括思想政治素质、科学文化素质、身心素质、专业知识与专业技能素质4个方面。其中，职业素质的灵魂是思想政治素质，核心内容是专业知识与专业技能素质。

第二节　设施农业装备操作工职业守则

设施农业装备操作工在职业活动中，不仅要遵循社会道德的一般要求，而且要遵守设施农业装备操作工职业守则。其基本内容如下。

一、遵章守法，爱岗敬业

遵章守法是设施农业装备操作工职业守则的首要内容，这是由设施农业装备操作工的职业特点决定的。遵章守法就是要自觉学习、遵守国家的有关法规、政策和农机安全生产的规定，爱岗敬业是指设施农业装备操作工要热爱自己的工作岗位，服从安排，兢兢业业，尽职尽责，乐于奉献。

二、规范操作，安全生产

规范操作是指一丝不苟地执行安全技术、组织措施，确保作业人员生命和设备安全，确保作业任务的圆满完成。要有高度负责的精神，严格按照技术要求和操作规范，认真对待每一项作业、每一道工序，尽职尽责，确保作业质量，优质、高效、低耗、安全地完成生产任务。安全生产是指机具在道路转移、场地作业及维修保养过程中要保证自身、他人及机具的安全。

三、钻研技术，节能降耗

设施农业装备操作工要提高作业效率，确保作业质量，必须掌握过硬的操作技能，是职业的需要。钻研技术，必须"勤业"，干一行，钻一行，善于从理论到实践，不断探索新情况、新问题，技术上要精益求精。节能降耗是钻研技术的具体体现。在操作过程中采取技术上可行、经济上合理以及环境和社会可以承受的措施，从各个环节降低消耗、减少损失和污染物排放、制止浪费，有效、合理地利用能源。

四、诚实守信，优质服务

诚实守信是做人的根本，也是树立作业信誉，建立稳定服务关系和长期合作的基础。设施农业装备操作工在作业服务过程中，要以诚待人，讲求信誉，同时要有较强的竞争意识和价值观念，主动适应市场，靠优质服务占有市场。在作业服务中，要使用规范语言，做到礼貌待客，服务至上，质量第一。

第二章　机电常识

第一节　农机常用油料的名称、牌号、性能和用途

农机用油是指在农机使用过程中所应用的各种燃油、润滑油和液压油的总称。它们的品种繁多、性能各异，随使用机器及部位的不同，要求也不一样，加之在运输、储存、添加和使用过程中，油料的质量指标会逐渐变坏，必须采取科学的技术措施，防止和减缓油品的变坏。选好、用好、管好农机用油，是保证农机技术状态完好的重要环节，是节约油料、降低作业成本的重要途径。

农机常用的油料牌号、规格与适用范围等，见表 2-1。

表 2-1　农机常用油料的牌号、规格与适用范围

名　称		牌号和规格		适用范围	使用注意事项
柴油	重柴油			转速 1 000 r/min 以下的中低速柴油机	1. 不同牌号的轻柴油可以掺兑使用 2. 柴油中不能掺入汽油
	轻柴油	10、0、-10、-20、-35 和 -50 号（凝点牌号）		选用凝点应低于当地气温 3~5℃	
汽油		66、70、85、90、93 和 97 号（辛烷值牌号）		压缩比高选用牌号高的汽油，反之选用牌号低的汽油	1. 当汽油供应不足时，可用牌号相近的汽油暂时代用 2. 不要使用长期存放已变质的汽油，否则结胶、积炭严重
内燃机机油	柴油机机油	CC、CD、CD-Ⅱ、CE、CF-4 等（品质牌号）	0W、5W、10W、15W、20W、25W（冬用黏度牌号），"W" 表示冬用；20 级、30 级、40 级和 50 级（夏用黏度牌号）；多级油如 10W/20（冬夏通用）	品质选用应遵照产品使用说明书中的要求选用，还可结合使用条件来选择。黏度等级的选择主要考虑环境温度	1. 在选择机油的使用级时，高级机油可以在要求较低的发动机上使用 2. 汽油机机油和柴油机机油应区别使用
	汽油机机油	SC、SD、SE、SF、SG 和 SH 等（品质牌号）			
齿轮油	普通车辆齿轮油（CLC）	70W、75W、80W、85W（黏度牌号）		按产品使用说明书的规定进行选用，也可以按工作条件选用品种和气温选择牌号	不能将使用级（品种）较低的齿轮油用在要求较高的车辆上，否则将使齿轮很快磨损和损坏
	中负荷车辆齿轮油（CLD）	90W、140W 和 250W（黏度牌号）			
	重负荷车辆齿轮油（CLE）	多级油如 80W/90、85W/90			

续表

名　称	牌号和规格		适用范围	使用注意事项
润滑脂（俗称黄油）	钙基、复合钙基	000、00、0、1、2、3、4、5 、6（锥入度）	抗水，不耐热和低温，多用于农机具	1. 加入量要适宜2. 禁止不同品牌的润滑脂混用3. 注意换脂周期以及使用过程管理
	钠基		耐温可达120℃，不耐水，适用于工作温度较高而不与水接触的润滑部位	
	钙钠基		性能介于上述两者之间	
	锂基		锂基抗水性好，耐热和耐寒性都较好，它可以取代其他基脂，用于设施农业等农机装备	
液压油	普通液压油（HL）	HL32、HL46、HL68（黏度牌号）	中低压液压系统（压力为2.5～8MPa）	控制液压油的使用温度：对矿油型液压油，可在50～65℃下连续工作，最高使用温度在120～140℃
	抗磨液压油（HM）	HM32、HM46、HM100、HM150（黏度牌号）	压力较高（＞10MPa）使用条件要求较严格的液压系统，如工程机械	
	低温液压油（HV和HS）		适用于严寒地区	

第二节　机械常识

一、常用法定计量单位及换算关系

1. 法定长度计量单位

基本长度单位是米（m），机械工程图上标注的法定单位是毫米（mm）。

1m = 1 000mm；1 英寸 = 25.4 mm。

2. 法定压力计量单位

法定压力计量单位是帕（斯卡），符号为 Pa。常用兆帕表示，符号为 MPa。压力以前曾用每平方厘米作用的公斤力来表示，符号为 $1kgf/cm^2$。其转换关系为：

$1 MPa = 10^6 Pa$。

$1kgf/cm^2 = 9.8 \times 10^4 Pa = 98kPa = 0.098MPa$。

3. 法定功率计量单位

法定功率计量单位是千瓦，符号为 kW。1 马力 = 0.736kW。

4. 力、重力的法定计量单位

力、重力的法定计量单位是牛顿，符号为 N。1kgf = 9.8N。

5. 面积的法定计量单位

面积的法定计量单位是平方米、公顷，符号分别为 m^2、hm^2。

$1hm^2 = 10\,000m^2 = 15$ 亩，1 亩 $\approx 666.7m^2$。

二、金属与非金属材料

1. 常用金属材料

常用金属材料分为钢铁金属和非铁金属材料（即有色金属材料）两大类。钢铁材料主要有碳素钢（含碳量小于2.11%的铁碳合金）、合金钢（在碳钢的基础上加入一些合金元素）和铸铁（含碳量大于2.11%的铁碳合金）。非铁金属材料则包括除钢铁以外的所有金属及其合金，如铜及铜合金、铝及铝合金等。常用金属材料的种类、性能、牌号和用途见表2-2。

表2-2　常用金属材料的种类、性能、牌号和用途

名　　称			特　点	主要性能	牌号举例	用途
碳素钢	普通碳素结构钢		含碳量小于0.38%	韧性、塑性好，易成型、易焊接，但强度、硬度低	Q195、Q215、Q235、Q275	不需热处理的焊接和螺栓连接构件等
	优质碳素结构钢	低碳钢	含碳量小于0.25%		08、10、20	需变形或强度要求不高的工件，如油底壳等
		中碳钢	含碳量0.25% ~ 0.60%	强度、硬度较高，塑性、韧性稍低	35、45	经热处理后有较好综合机械性能，用于制造连杆、连杆螺栓等
		高碳钢	含碳量大于0.60%，小于0.85%	硬度高，脆性大	65	经热处理后制造弹簧和耐磨件
	碳素工具钢		含碳量大于0.70%，小于1.3%	硬度高，耐磨性好，脆性大	T10、T12	制作手动工具和低速切削工具及简单模具等
合金钢	低合金结构钢		在碳素结构钢或工具钢的基础上加入某些合金元素，使其具有满足特殊需要的性能	较高的强度和屈强比，良好的塑性、韧性和焊接性	Q295、Q345、Q390、Q460	桥梁、机架等
	合金结构钢			有较高强度，适当的韧性	20CrMnTi	齿轮、齿轮轴、活塞销等
	合金工具钢			淬透性好，耐磨性高	9SiCr	切削刃具、模具、量具等
	特殊性能钢			具有如不锈、耐磨、耐热等特殊性能	不锈2Cr13 耐磨ZGMn13	如耐磨钢用于车辆履带、收割机刀片、弓齿等

续表

名　称		特　点	主要性能	牌号举例	用途
铸铁	灰铸铁	铸铁中碳以片状石墨存在，断口为灰色	易铸造和切削，但脆性大、塑性差、焊接性能差	HT－200	气缸体、气缸盖、飞轮
	白口铸铁（冷硬铸铁）	铸铁中碳以化合物状态存在，断口为白色	硬度高而性脆，不能切削加工		不需加工的铸件如犁铧
	球墨铸铁	铸铁中碳以圆球状石墨存在	强度高，韧性、耐磨性较好	QT600－3	可代替钢用于制造曲轴、凸轮轴等
	蠕墨铸铁	铸铁中碳以蠕虫状石墨存在	性能介于灰铸铁和球墨铸铁之间	RuT340	大功率柴油机气缸盖等
	可锻铸铁	铸铁中碳以团絮状石墨存在	强度、韧性比灰铸铁好	KTH350－10	后桥壳，轮毂
	合金铸铁	加入合金元素的铸铁	耐磨、耐热性能好		活塞环、缸套、气门座圈
铜合金	黄铜	铜与锌的合金	强度比纯铜高，塑性、耐腐蚀性好	H68	散热器、油管、铆钉
	青铜	铜与锡的合金	强度、韧性比黄铜差，但耐磨性、铸造性好	ZCuSn10Pb1	轴瓦、轴套
铝合金		加入合金元素	铸造性、强度、耐磨性好	ZL108	活塞、气缸体、气缸盖

2. 常用非金属材料

农业机械中常用的非金属材料主要是有机非金属材料，如合成塑料、橡胶等。常用非金属材料的种类、性能及用途见表2－3。

表2－3　常用非金属材料的种类、性能及用途

名称	主　要　性　能	用　途
工程塑料	除具有塑料的通性之外，还有相当的强度和刚性，耐高温及低温性能较通用塑料好	仪表外壳、手柄、方向盘等
橡胶	弹性高、绝缘性和耐磨性好，但耐热性低，低温时发脆	轮胎、皮带、阀垫、软管等
玻璃	由氧化硅和另一些氧化物熔化制成的透明固体。优点是导热系数小、耐腐蚀性强；缺点是强度低、热稳定性差	驾驶室挡风玻璃等
石棉	抗热和绝缘性能优良，耐酸碱、不腐烂、不燃烧	密封、隔热、保温、绝缘和制动材料，如制动带等

（1）塑料　塑料属高分子材料，是以合成树脂为主要成分并加入适量的填料、增塑剂和添加剂，经一定温度、压力塑制成型的。塑料分类方法很多，一般分为热塑性塑料和热固性塑料两大类。热塑性塑料是指可反复多次在一定温度范围内软化并熔融流

动,冷却后成型固化,如 PVC 等,共占塑料总量的 95% 以上。热固性塑料是指树脂在加热成型固化后遇热不再熔融变化,也不溶于有机溶剂,如酚醛塑料、脲醛塑料、环氧树脂、不饱和聚酯等。

塑料主要特性是:①大多数塑料质轻,化学性稳定,不会锈蚀;②耐冲击性好;③具有较好的透明性和耐磨耗性;④绝缘性好,导热性低;⑤一般成型性、着色性好,加工成本低;⑥大部分塑料耐热性差,热膨胀率大,易燃烧;⑦尺寸稳定性差,容易变形;⑧多数塑料耐低温性差,低温下变脆;⑨容易老化;⑩某些塑料易溶于溶剂。

(2)橡胶　橡胶是一种高分子材料,有良好的耐磨性,良好的隔音性,良好的阻尼特性,有高的弹性,有优良的伸缩性和可贵的积储能量的能力,是常用的密封材料、弹性材料、减振、抗振材料和传动材料,耐热老化性较差,易燃烧。

(3)玻璃　玻璃是由氧化硅和另一些氧化物熔化制成的透明固体。玻璃耐腐蚀性强,磨光玻璃经加热与淬火后可制成钢化玻璃,玻璃的主要缺点有强度低、热稳定性差。

三、常用标准件常识

标准件是指结构、尺寸、画法、标记等各个方面已经完全标准化,并由专业厂生产的常用的零(部)件,如螺纹件、键、销、滚动轴承等。

(一) 滚动轴承

1. 滚动轴承的分类方法

滚动轴承主要作用是支承轴或绕轴旋转的零件。其分类方法有以下 5 种:①按承受负荷的方向分,有向心轴承(主要承受径向负荷)、推力轴承(仅承受轴向负荷)、向心推力轴承(同时能承受径向和轴向负荷)。②按滚动体的形状分,有球轴承(滚动体为钢球)和滚子轴承(滚动体为滚子),滚子又有短圆柱、长圆柱、圆锥、滚针、球面滚子等多种 。③按滚动体的列数分,有单列、双列、多列轴承等种类。④按轴承能否调整中心分,有自动调整轴承和非自动调整轴承两种。⑤按轴承直径大小分,有微型(外径 26mm 或内径 9mm 以下)、小型(外径 28 ~ 55mm)、中型(外径 60 ~ 190mm)、大型(外径 200 ~430mm)和特大型(外径 440mm 以上)。

2. 滚动轴承规格代号的含义

国家标准 GB/T272 – 93《滚动轴承代号方法》规定,滚动轴承的规格代号由 3 组符号及数字组成,其排列如下:

$$\boxed{前置代号} \qquad \boxed{基本代号} \qquad \boxed{后置代号}$$

(1)基本代号　它表示轴承的基本类型、结构和尺寸,是轴承代号的基础。基本代号由 3 组代号组成,其排列如下:

$$\boxed{轴承类型代号} \qquad \boxed{尺寸系列代号} \qquad \boxed{内径代号}$$

轴承类型代号由数字或字母表示;尺寸系列代号由轴承宽(高)度系列代号和直径系列代号组成,用两位阿拉伯数字表示。上述两项代号内容和具体含义可查阅新标准。内径代号表示轴承的公称内径,用两位阿拉伯数字表示,表示方法见表 2 –4。

表2-4 轴承内径的表示方法

轴承内径（mm）	表 示 方 法
9以下	用内径实际尺寸直接表示
10	00
12	01
15	02
17	03
20~480（22、28、32除外）	以内径尺寸除5所得商表示
500以上及22、28、32	用内径实际尺寸直接表示，并在数字前加"/"符号

轴承基本代号举例：

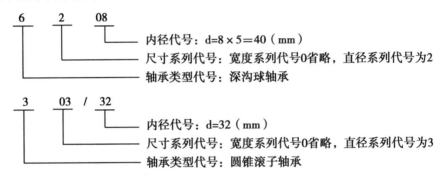

（2）前置代号 它表示成套轴承部件的代号，用字母表示。代号的含义可查阅新标准，例如代号GS为推力圆柱滚子轴承座圈。

（3）后置代号 用字母和数字表示，它是轴承在结构形状、尺寸、公差、技术要求有改变时，在其基本代号后面添加的代号。如添加后置代号NR时，表示该轴承外圈有止动槽，并带止动环。

3. 滚动轴承的用途

（1）球轴承 一般用于转速较高、载荷较小、要求旋转精度较高的地方。

（2）滚子轴承 一般用于转速较低、载荷较大或有冲击、振动的工作部位。

（二）橡胶油封

橡胶油封在设施农业机械上用得很多，按其结构不同分为骨架式和无骨架式两种，两者区别在于骨架式油封在密封圈内埋有一薄铁环制成的骨架。骨架式油封可分为普通型（只有1个密封唇口）、双口型（有2个密封唇口）和无弹簧型3种，还按适用速度范围分为低速油封和高速油封两种。油封的规格由首段、中段和末段3段组成。首段为油封类型，用汉语拼音字母表示，P表示普通，S表示双口，W表示无弹簧，D表示低速，G表示高速。中段以油封的内径d、外径D、高度H这3个尺寸来表示油封规格，中间用"×"分开，表示方法为d×D×H，单位为mm。末段为胶种代号。例如，PD20×40×10，表示内径20mm、外径40mm、高10mm的低速普通型油封。

（三）键

键的主要作用是连接、定位和传递动力。其种类有平键、半圆键、楔键和花键。前3种一般有标准件供应，花键也有对应的国家标准。

1. 平键

平键按工作状况分普通和导向平键2种，其形状有圆头、方头和单圆头3种，其中以两头为圆的A型使用最广。平键的特点是靠侧面传递扭矩，制造简单、工作可靠，拆装方便，广泛应用于高精度、高速或承受变载、冲击的场合。

2. 半圆键

其特点是靠侧面传递扭矩，键在轴槽中能绕槽底圆弧中心略有摆动，装配方便，但键槽较深，对轴强度削弱较大，一般用于轻载，适用于轴的锥形端部。

3. 楔键

其特点是靠上、下面传递扭矩，安装时需打入，能轴向固定零件和传递单向轴向力，但对中稍差，一般用于对中性能要求不严且承受单向轴向力的连接，或用于结构简单、紧凑、有冲击载荷的连接处。

4. 花键

有矩形花键和渐开线花键两种。通常是加工成花键轴，应用于一般机械的传动装置上。

（四）螺纹联接件

1. 螺纹导程与螺纹的直径

导程S是指螺纹上任意一点沿同一条螺旋线转一周所移动的轴向距离。单线螺纹的导程等于螺距（$S = P$）（螺距P：螺纹相邻两个牙型上对应点间的轴向距离），多线螺纹的导程等于线数乘以螺距（$S = nP$）（线数n为螺纹的螺旋线数目）。

螺纹的直径，在标准中定义为公称直径，是指螺纹的最大直径（大径d），即与螺纹牙顶相重合的假想圆柱面的直径。

2. 螺纹联接件的基本类型及适用场合

螺纹联接件的主要作用是连接、防松、定位和传递动力。常用的有4种基本类型：①螺栓。这种联接件需用螺母、垫片配合，它结构简单，拆装方便，应用最广。②双头螺柱。它一般用于被联接件之一的厚度很大，不便钻成通孔，且有一端需经常拆装的场合，如缸盖螺柱。③螺钉。这种联接件不必使用螺母，用途与双头螺柱相似，但不宜经常拆装，以免加速螺纹孔损坏。④紧固螺钉。用以传递力或力矩的联接。

3. 螺纹联接件的防松方法

常用有6种防松方法：①弹簧垫圈。由于它使用简单，采用最广。②齿形紧固垫圈。用于需要特别牢固的联接。③开口销及六角槽形螺母。④止动垫圈及锁片。⑤防松钢丝。适用于彼此位置靠近的成组螺纹连接。⑥双螺母。

四、机械传动常识

机械传动是一种最基本的传动方式。机械传动按传递运动和动力的方式不同分为摩擦传动和啮合传动两大类。摩擦传动是利用摩擦原理来传递运动和动力的，常用的有摩擦轮传动和带传动两种。啮合传动是利用轮齿啮合来直接传递运动和动力的，常用的有链传动、各种齿轮传动、蜗杆蜗轮传动和螺旋传动等。常用机械传动的类型、特点及形式如表 2-5 所示。

表 2-5 机械传动的类型、特点及形式

传动类型	传动过程	特点	常见形式
带传动	依靠皮带与皮带轮接触间的摩擦力,把原动机的动力传递到距离较远的工作机上,是最简单最常用的方法	1. 结构简单,制造、安装、维护方便,成本低 2. 适用于两轴中心距较大的传动 3. 能吸震和缓冲,运行平稳、噪声小 4. 过载时能打滑,防止零件损坏,起保护作用 5. 传动效率低,传动比不准确,外廓尺寸较大,带寿命短	 平行传动　　交叉传动 交错传动　　综合传动
齿轮传动	利用主动、从动两齿轮的直接啮合,来传递两轴距离较近、转矩较大、传动比要求较严的传动	1. 结构紧凑,工作可靠,使用寿命长 2. 传动比恒定,传递运动准确 3. 传动效率高,传递运动和动力的范围广 4. 制造安装精度高,成本也较高,且不适用于远距离传动	 圆柱齿轮传动　斜齿轮传动　内齿轮传动 直齿锥齿轮传动　斜齿锥齿轮传动
链传动	依靠链条的链节与链轮齿的啮合,来传递两轴距较远而速比又要正确的传动	1. 结构紧凑,安装、维护方便 2. 有准确的传动比,链传动具有中间挠性,但无弹性滑动和打滑现象 3. 能在高温、油污等恶劣环境下工作 4. 传动平稳性差,瞬时速度不均匀,工作时有噪声	 滚子链 链轮 齿链 齿状链

续表

传动类型	传动过程	特点	常见形式
蜗杆蜗轮传动	利用蜗杆与蜗轮的啮合来传递两轴轴线交错成90°，彼此既不平行又不相交的运动	1. 结构紧凑、传动比大 2. 工作平稳，无噪声 3. 一般具有自锁性 4. 承载能力大 5. 效率低，易发热 6. 不能任意互换啮合 7. 用于传动功率不大或间歇工作的场合	

第三节　电工常识

一、电路

1. 电路及其组成

电流流过的路径称为电路。一般电路都是由电源、负载、导线和开关等四个部分组成。

（1）电源　把其他形式的能量转化为电能的装置叫做电源。常见的直流电源有干电池、蓄电池和直流发电机等。

（2）负载　把电能转变成其他形式能量的装置称为负载，如电灯、电铃、电动机、电炉等。

（3）导线　连接电源与负载的金属线称为导线，它把电源产生的电能输送到负载，常用铜、铝等材料制成。

（4）开关　它起到接通或断开电源的作用。

2. 电路的状态

（1）通路（闭路）　电路处处连通，电路中有电流通过。这是正常工作状态。

（2）开路（断路）　电路某处断开，电路中没有电流通过。非人为断开的开路属于故障状态。

（3）短路（捷路）　电源两端被导线直接相连或电路中的负载被短接，此时电路中的电流比正常工作电流大很多倍。这是一种事故状态。有时，在调试电子设备的过程中，人为将电路某一部分短路，称为短接，要与短路区分开来。

3. 电路图

用国家标准规定的各种元器件符号绘制成的电路连接图，称为电路图。

二、电路的基本物理量

1. 电流

导体中电荷的定向流动形成电流。电流不但有方向，而且有强弱，通常用电流强度表示电流的强弱。单位时间内通过导体横截面的电量叫作电流强度，用符号 I 表示，单位是安培，用 A 表示。

电流的大小可以用电流表直接测量，电流表应串联在被测电路中。

2. 电压

在电路中，任意两点间的电位差称为这两点间的电压。电压是导体中存在电流的必要条件。电压的表示符号为 U，单位是伏特，用 V 表示。

电压的大小可以用电压表测量，电压表应并联在被测电路中。

3. 电阻

电子在导体中流动时所受的阻力称为电阻。电阻用符号 R 表示，单位为欧姆，用 Ω 表示。电阻反映了导体的导电能力，是导体的客观属性。实验证明，在一定温度下，导体的电阻与导体的长度 L 成正比，与导体的横截面积 S 成反比。

根据物质电阻的大小，把物体分为导体（容易导电的物体，如金、铜、铝等）、半导体（导电能力介于导体与绝缘体之间的物体，如硅、锗等）和绝缘体（不容易导电的物体，如空气、胶木、云母等）3 种。

4. 欧姆定律

欧姆定律是表示电路中电流、电压、电阻三者关系的定律。在同一电路中，导体中的电流与导体两端的电压成正比，与导体的电阻成反比，这就是欧姆定律，用公式表示为：

$$I = \frac{U}{R}$$

式中：U——电路两端电压，单位 V（伏）；

R——电路的电阻，单位 Ω（欧姆）；

I——通过电路的电流，单位 A（安培）。

三、直流电路

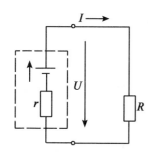

图 2-1 直流电路

大小和方向都不随时间变化的电流，又称恒定电流。所通过的电路称直流电路，是由直流电源和电阻构成的闭合导电回路，如图 2-1 所示。按连接的方法不同，电路分为串联电路和并联电路两种。

1. 串联电路（图 2-2）

串联电路中各处的电流都相等，用公式表示为：

$$I = I_1 = \frac{U_1}{R_1} = I_2 = \frac{U_2}{R_2} = I_3 = \frac{U_3}{R_3} = \cdots = I_n = \frac{U_n}{R_n}$$

串联电路外加电压等于串联电路中各电阻压降之和：

$$U = U_1 + U_2 + U_3 + \cdots + U_n$$

串联电路的总电阻等于各个串联电阻的总和：

$$R = R_1 + R_2 + R_3 + \cdots + R_n$$

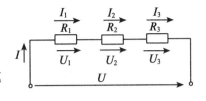

2. 并联电路（图 2 - 3）

并联电路加在并联电阻两端的电压相等，用公式表示为：

图 2 - 2　串联电路

$$U = U_1 = U_2 = U_3 = \cdots + U_n$$

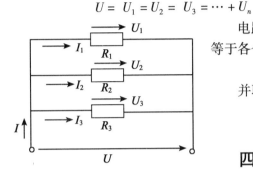

电路内的总电流等于各个并联电阻电流之和：

$$I = I_1 + I_2 + I_3 + \cdots + I_n$$

并联电路总电阻的倒数等于各并联电阻倒数之和：

$$\frac{1}{R} = \frac{1}{R_1} + \frac{1}{R_2} + \frac{1}{R_3} + \cdots + \frac{1}{R_n}$$

图 2 - 3　并联电路

四、电磁与电磁感应

电与磁都是物质运动的基本形式，两者之间密不可分，统称为电磁现象。通电导线的周围存在着磁场，这种现象称为电流的磁效应，这个磁场称为电磁场。

当导体作切割磁力线运动或通过线圈的磁通量发生变化时，导体或线圈中会产生电动势；若导体或线圈是闭合的，就会有电流。这种由导线切割磁力线或在闭合线圈中磁通量发生变化而产生电动势的现象，称为电磁感应现象。由电磁感应产生的电动势叫作感应电动势，由感应电动势产生的电流叫作感应电流。

五、交流电

交流电是指电压、电动势、电流的大小和方向随时间按正弦规律作周期性变化的电路。农村常用的交流电有单相交流电（220V）和三相交流电（380V）两种。

1. 单相交流电

是指一根火线和零线连接构成的电路，大多数家用电器和设施农业用的单相电机都是用的单相交流电（220V）。

2. 三相交流电

由三相交流电源供电的电路，简称三相电路。三相交流电源指能够提供 3 个频率相同而相位不同的电压或电流的电源，最常用的是三相交流发电机。三相发电机的各相电压的相位互差 120°。它们之间各相电压超前或滞后的次序称为相序。三相电动机在正序电压供电时正转，改为负序电压供电时则反转。因此，使用三相电源时必须注意其相序。一些需要正反转的生产设备可通过改变供电相序来控制三相电动机的正反转。

三相电源连接方式常用的有星形连接（图 2 - 4）和三角形连接两种，分别用符号 Y 和 △ 表示。从电源的 3 个始端引出的 3 条线称为端线（俗称火线）。任意两根端线之间的电压称为线电压 $U_{\text{线}}$，任意一根端线（火线）与中性线之间的电压为相电压 $U_{\text{相}}$。星形连接时，线电压为相电压的 $\sqrt{3}$ 倍，即 $U_{\text{线}} = \sqrt{3} U_{\text{相}}$。我国的低压供电系统的线电压是 380V，它的相电压就是 380V$/\sqrt{3}$ = 220V；3 个线电压间的相位差仍为 120°，它们比 3

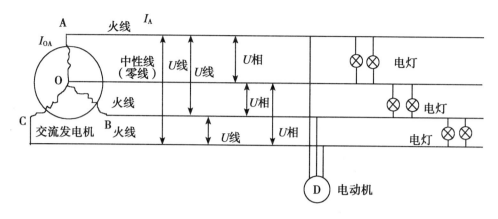

图 2 - 4　三相交流电星形连接

个相电压各超前30°。星形连接有一个公共点，称为中性点。三角形连接时线电压与相电压相等，且3个电源形成一个回路，只有三相电源对称且连接正确时，电源内部才没有环流。

3. 交流电的优点

交流电具有容易产生、传送和使用的优点，因而被广泛地采用。远距离输电可利用变压器把电压升高，减小输电线中的电流来降低损耗，获得经济的输电效益。在用电场合，可通过变压器降低电压，保证用电安全。此外，交流发电机、交流电动机和直流电机相比较，具有结构简单、成本低廉、工作安全可靠、使用维护方便等优点，所以交流电在国民经济各部门获得广泛应用。

六、安全用电知识

不懂得安全用电知识就容易造成触电、电气火灾、电器损坏等意外事故，安全用电，至关重要。

1. 发生用电事故的原因

（1）从构成闭合电路这个方面来说，分别有双线触电和单线触电。人体是导体，当人体成为闭合电路的一部分时，就会有电流通过。如果电流达到一定大小，就会发生触电事故。假如，有个人的一只手接触电源正极，另一只手接触电源负极。这样，人体、导线与供电设备就构成了闭合电路，电流流过人体，发生触电事故，这类就叫双线触电。另一类就是，若这个人的一只手只接触正极，而另一只手虽然没有接触负极，但是由于人体站在地上，导线、人体、大地和供电设备同样构成了闭合电路，电流同样会流过人体，发生触电事故，这类就叫单线触电。电流对人体的伤害有三种：电击、电伤和电磁场伤害。电击是指电流通过人体，破坏人体心脏、肺及神经系统的正常功能。电伤是指电流的热效应、化学效用和机械效应对人体的伤害；主要是指电弧烧伤、熔化金属溅出烫伤等。电磁场生理伤害是指在高频磁场的作用下，人会出现头晕、乏力、记忆力减退、失眠、多梦等神经系统的症状。一般认为：电流通过人体的心脏、肺部和中枢神经系统的危险性比较大，特别是电流通过心脏时，危险性最大。所以从手到脚的电流途径最为危险。

（2）从欧姆定律和安全用电这方面来说，欧姆定律告诉我们：在电压一定时，导体中的电流的大小跟加在这个导体两端的电压成正比。人体也是导体，电压越高，通过的电流就越大，大到一定程度时就会有危险了。经验证明，通过人体的平均安全电流大约为10mA，平均电阻为360kΩ，当然这也不是一个固定的值，人体的电阻还和人体皮肤的干燥程度、人的胖瘦等因素有关，故通常情况下人体的安全电压一般是不高于36V。我国规定对环境比较干燥的安全电压（36V），对环境比较潮湿的安全电压（12V）。

在平时，我们除了不要接触高压电外，我们还应注意千万不要用湿手触摸电器和插拔电源，不要让水洒到电机等电器上。因为当人体皮肤或电器潮湿时，电阻就会变小，根据欧姆定律，在电压一定时，通过人体的电流就会大些。而且手上的水容易流入电器内，使人体与电源相连，这样会造成危险。

2. 避免用电事故

（1）认识了解电源总开关，学会在紧急情况下关断总电源。

（2）不用手或导电物（如铁丝、钉子、别针等金属制品）去接触、探试电源。

（3）不用湿手触摸电器，不用湿布擦拭蓄电池等带电体。

（4）不要在电器上挂置物品。不随意拆卸、安装电源等带电体，不私拉电线，增加额外电器设备。私自改装使用大功率用电器很容易使输电线发热，甚至有着火的危险。

（5）不要用拉扯电源线的方法来拔电源插头。使用中发现电器有冒烟、冒火花、发出焦糊的异味等情况，应立即关掉电源开关，停止使用。

（6）选用合格的电器配件，不要贪便宜购买使用假冒伪劣电器、电线、线槽（管）、开关等。

3. 发生触电事故的处理

如果发现有人触电要设法及时关断电源，或者用干燥的木棍等物将触电者与带电的设备分开，不要用手去直接救人。触电者脱离电源后迅速移至通风干燥处仰卧，将其上衣和裤带放松，观察触电者有无呼吸，摸一摸颈动脉有无搏动。若触电者呼吸及心跳均停止，应及时做人工呼吸，同时实施心肺复苏抢救，并及时打电话呼叫救护车，尽快送往医院。

如果发现电器设备着火时应立即切断电源，用灭火器把火扑灭，无法切断电源时，应用不导电的灭火剂灭火，不能用水及泡沫灭火剂。火势过大，无法控制时要撤离机械，并迅速拨打"110"或"119"报警电话求救，疏散附近群众，防止损失进一步扩大。

第三章　相关法律法规及安全知识

随着我国经济体制改革的不断深入，我国的经济发展正逐步走上法制化的轨道。与设施农业装备使用管理有关的法律法规有《中华人民共和国环境保护法》《农业机械化促进法》《农业机械安全监督管理条例》《农业机械运行安全技术条件》和《农业机械产品修理、更换、退货责任规定》等。学习和掌握有关法规，不仅可以促使自己遵纪守法，而且可以懂得如何维护自己的合法权益。

第一节　农业机械运行安全使用相关法规

一、农业机械安全监督管理条例

《农业机械安全监督管理条例》（以下简称《条例》）已经于 2009 年 9 月 7 日国务院第 80 次常务会议通过，自 2009 年 11 月 1 日起施行。全文共七章六十条。《条例》规定，农业机械是指用于农业生产及其产品初加工等相关农事活动的机械、设备。危及人身财产安全的农业机械，是指对人身财产安全可能造成损害的农业机械，包括拖拉机、联合收割机、机动植保机械、机动脱粒机、饲料粉碎机、插秧机、铡草机等。本文着重介绍农机使用操作和事故处理的相关规定。

1. 使用操作

农业机械操作人员可以参加农业机械操作人员的技能培训，可以向有关农业机械化主管部门、人力资源和社会保障部门申请职业技能鉴定，获取相应等级的国家职业资格证书。

农业机械操作人员作业前，应当对农业机械进行安全查验；作业时，应当遵守国务院农业机械化主管部门和省、自治区、直辖市人民政府农业机械化主管部门制定的安全操作规程。

2. 事故处理

农业机械事故是指农业机械在作业或者转移等过程中造成人身伤亡、财产损失的事件。

农业机械在道路上发生的交通事故，由公安机关交通管理部门依照道路交通安全法律、法规处理。

在道路以外发生的农业机械事故，操作人员和现场其他人员应当立即停止作业或者停止农业机械的转移，保护现场，造成人员伤害的，应当向事故发生地农业机械化主管部门报告；造成人员死亡的，还应当向事故发生地公安机关报告。造成人身伤害的，应当立即采取措施，抢救受伤人员。因抢救受伤人员变动现场的，应当标明位置。

二、农业机械运行安全技术条件

由国家质量监督检验检疫总局、国家标准化管理委员会于 2008 年 7 月发布的

GB16151—2008《农业机械运行安全技术条件》国家标准于 2009 年 7 月 1 日正式实施。其主要内容如下。

1. 整机

（1）标牌、编号、标记齐全，字迹清晰；号牌完好，安置在规定的部位。

（2）联结紧固，无缺损、裂纹和严重变形；不得有妨碍操作、影响安全的改装。

（3）不准改变原设计传动比，提高行驶速度。

（4）机组允许噪声限值，按 GB 6229 进行测量，限值符合 GB 6376 的规定：如皮带传动的轮式拖拉机动态环境噪声为 86dB（A），驾驶员操作位置处噪声为 93dB（A）。

2. 发动机

（1）发动机零部件完整，外观整洁，安装牢固。

（2）手摇启动的柴油发动机，启动爪不得外突；在环境温度不低于 5℃，在 5min 内，至多启动 5 次，应能顺利启动。

（3）不同转速下工作平稳、无杂音。最高空转转速不得超过标定转速的 10%。在正常的温度及负荷下烟色正常。

（4）功率不低于标定功率的 85%；燃油消耗率不超过标定燃油消耗率的 15%。

（5）供给、润滑、冷却系统工作良好，不漏油，不漏气，不漏水。

（6）油门操纵灵活，在标定转速至停止供油之间任何位置都能固定。

（7）发动机机架无裂纹和变形。

3. 照明和信号装置

（1）发电机安装正确，无短路、断路。灯泡电压、功率符合规定，接头紧固，导线捆扎成束，固定紧。灯光开关操作方便、灵活、不得因车辆震动而自行接通或关闭。

（2）前照灯按 JB/T – 6701 规定配备，安装位管正确，固定可靠。

4. 其他安全要求

（1）田间乘座作业或运输作业时，驾驶座位必须牢靠。

（2）运输作业机组，必须装设后视镜，安装位置适宜，镜中影像清晰，能看清车后方的交通情况。

（3）外露转动部分应设有安全防护装置，各危险部位有醒目的安全标志。

第二节　农业机械产品修理、更换、退货责任规定的知识

由国家质量监督检验检疫总局、国家工商行政管理总局、农业部、工业和信息化部审议通过的新《农业机械产品修理、更换、退货责任规定》（以下简称新《规定》），已于 2010 年 6 月 1 日起施行。原国家经济贸易委员会、农业部等部门发布的《农业机械产品修理、更换、退货责任规定》（国经贸质〔1998〕123 号）同时废止。相关内容介绍如下：

一、"三包"责任

（1）新《规定》明确指出："农业机械产品实行谁销售谁负责三包的原则"。销售

者承担三包责任，换货或退货后，属于生产者责任的，可以依法向生产者追偿。在三包有效期内，因修理者的过错造成他人损失的，依照有关法律和代理修理合同承担责任。

（2）新《规定》对农机销售者规定了 5 条义务，对农机修理者规定了 7 条义务，对农机生产者规定了 5 条义务。

二、"三包"有效期

农机产品的"三包"有效期自销售者开具购机发票之日起计算，"三包"有效期包括整机"三包"有效期、主要部件质量保证期、易损件和其他零部件的质量保证期。

3 个月，是二冲程汽油机整机"三包"有限期。

6 个月，是四冲程汽油机整机"三包"有限期、二冲程汽油机主要部件质量保证期。

9 个月，是单缸柴油机整机、18kW 以下小型拖拉机整机三包有效期。

1 年，是多缸柴油机整机、18kW 以上大、中型拖拉机整机、联合收割机整机、插秧机整机和其他农机产品整机的"三包"有效期，是四冲程汽油机主要部件的质量保证期。

1.5 年，是单缸柴油机主要部件、小型拖拉机主要部件的质量保证期。

2 年，是多缸柴油机主要部件、大、中型拖拉机主要部件、联合收割机主要部件和插秧机主要部件的质量保证期。

5 年，生产者应当保证农机产品停产后 5 年内继续提供零部件。

农机用户丢失"三包"凭证，但能证明其所购农机产品在"三包"有效期内的，可以向销售者申请补办"三包"凭证，并依照本规定继续享受有关权利。销售者应当在接到农机用户申请后 10 个工作日内予以补办。销售者、生产者、修理者不得拒绝承担"三包"责任。

三、"三包"的方式

"三包"的主要方式是修理、更换、退货，但是农机购买者并不能随意要求某种方式，而需要根据产品的故障情况和经济合理的原则确定，具体规定是如下。

1. 修理

在"三包"有效期内产品出现故障，由"三包"凭证指定的修理者免费修理，免费的范围包括材料费和工时费，对于难以移动的大件产品或就近未设指定修理单位的，销售者还应承担产品因修理而发生的运输费用。但是，根据产品说明书进行的保护性调整、修理，不属于"三包"的范围。

2. 更换

"三包"有效期内，送修的农机产品自送修之日起超过 30 个工作日未修好，农机用户可以选择继续修理或换货。要求换货的，销售者应当凭"三包"凭证、维护和修理记录、购机发票免费更换同型号同规格的产品。

"三包"有效期内，农机产品因出现同一严重质量问题，累计修理 2 次后仍出现同一质量问题无法正常使用的；或农机产品购机的第一个作业季开始 30 日内，除因易损件外，农机产品因同一一般质量问题累计修理 2 次后，又出现同一质量问题的，农机用户可以凭"三包"凭证、维护和修理记录、购机发票，选择更换相关的主要部件或系统，由销售者负责免费更换。

"三包"有效期内，符合本规定更换主要部件的条件或换货条件的，销售者应当提供新的、合格的主要部件或整机产品，并更新"三包"凭证，更换后的主要部件的质量保证期或更换后的整机产品的"三包"有效期自更换之日起重新计算。

3. 退货

"三包"有效期内或农机产品购机的第一个作业季开始 30 日内，农机产品因本规定第二十九条的规定更换主要部件或系统后，又出现相同质量问题，农机用户可以选择换货，由销售者负责免费更换；换货后仍然出现相同质量问题的，农机用户可以选择退货，由销售者负责免费退货。

因生产者、销售者未明确告知农机产品的适用范围而导致农机产品不能正常作业的，农机用户在农机产品购机的第一个作业季开始 30 日内可以凭"三包"凭证和购机发票选择退货，由销售者负责按照购机发票金额全价退款。

4. 对"三包"服务及时性的时间要求

新《规定》要求，一般情况下，"三包"有效期内，农机产品存在本规定范围的质量问题的，修理者一般应当自送修之日起 30 个工作日内完成修理工作，并保证正常使用。联合收割机、拖拉机、播种机、插秧机等产品在农忙作业季节出现质量问题的，在服务网点范围内，属于整机或主要部件的，修理者应当在接到报修后 3 日内予以排除；属于易损件或是其他零件的质量问题的，应当在接到报修后 1 日内予以排除。在服务网点范围外的，农忙季节出现的故障修理由销售者与农机用户协商。

四、"三包"责任的免除

企业承担"三包"责任是有一定条件的，农民违背了这些条件，就将失去享受"三包"服务的资格。因此，农民在购买、使用、保养农机时要避免发生下列情况：①农机用户无法证明该农机产品在"三包"有效期内的；②产品超出"三包"有效期的；③因未按照使用说明书要求正确使用、维护，造成损坏的；④使用说明书中明示不得改装、拆卸，而自行改装、拆卸改变机器性能或者造成损坏的；⑤发生故障后，农机用户自行处置不当造成对故障原因无法做出技术鉴定的。

五、争议的处理

农机用户因"三包"责任问题与销售者、生产者、修理者发生纠纷的，可以按照公平、诚实、信用的原则进行协商解决。协商不能解决的，农机用户可以向当地工商行政管理部门、产品质量监督部门或者农业机械化主管部门设立的投诉机构进行投诉，或者依法向消费者权益保护组织等反映情况，当事人要求调解的，可以调解解决。因"三包"责任问题协商或调解不成的，农机用户可以依照《中华人民共和国仲裁法》的规定申请仲裁，也可以直接向人民法院起诉。

第三节　环境保护法规的相关常识

《中华人民共和国环境保护法》（以下简称环境保护法）于 1989 年 12 月 26 日第七届全国人民代表大会常务委员会第十一次会议通过并实施，全文共六章四十七条。现将相关内容介绍如下。

一、环境和环境污染定义

环境是指影响人类生存和发展的各种天然的和经过人工改造的自然因素的总体，包括大气、水、海洋、土地、矿藏、森林、草原、野生生物、自然遗迹、人文遗迹、自然保护区、风景名胜区、城市和乡村等。

环境污染是指危害人体健康和人类生活环境的一种污染现象，包括排放废气污染、废液污染、固体废弃物污染、噪声污染等。

二、设施农业环境保护的技术措施

1. 严格执行危险品储存管理制度。保管好易燃、易爆或具有腐蚀性、刺激性和放射性的物品。

2. 控制车辆废气的排放。车辆在室内长时间运转时，应注意通风，及时用管道把废气排出室外。

3. 废弃的液态残余物，可按处理方法相同的废物存放在一起，直接在废物倾倒地点分别用桶进行收集处理，不允许将废油液等以任何途径进入周围环境而造成环境污染。如 1L 废机油可污染 100 万升纯净水。

4. 废弃的固态残余物，按日常生活垃圾进行处理，分类集中后出售给废品收购部门。

5. 废水可采用污水净化装置处理。

6. 噪声应控制在环境标准要求之内。

第四节　农业机械安全使用常识

在农业生产中，由于不按照农业安全操作规程去作业造成的农机事故约占事故总数的 60% 以上。这些事故的发生，给生产、经济带来不应有的损失，甚至造成伤亡事故。因此，必须首先严格遵守有关安全的操作规程，确保安全生产。

一、使用常识

1. 使用农业机械之前，必须认真阅读农业机械使用说明书，牢记正确的操作和作业方法。

2. 充分理解警告标签，经常保持标签整洁，如有破损、遗失，必须重新订购并粘贴。

3. 农业机械使用人员，必须经专门培训，取得驾驶操作证后，方可使用农业机械。

4. 严禁身体感觉不适、疲劳、睡眠不足、酒后、孕妇、色盲、精神不正常及未满18 岁的人员操作机械。

5. 驾驶员、农机操作者应穿着符合劳动保护要求的服装，女性驾驶员、操作者应将长发盘入工作帽内。禁止穿凉鞋、拖鞋，禁止穿宽松或袖口不能扣上的衣服，以免被旋转部件缠绕，造成伤害。

6. 在作业、检查和维修时不要让儿童靠近机器，以免造成危险。

7. 启动机器前检查所有的保护装置是否正常。

8. 熟悉所有的操作元件或控制按钮，分别试用每个操控装置，看其是否灵敏可靠。

9. 不得擅自改装农业机械，以免造成机器性能降低、机器损坏或人身伤害。

10. 不得随意调整液压系统安全阀的开启压力。

11. 农业机械不得超载、超负荷使用，以免机件过载，造成损坏。

二、防止人身伤害常识

1. 注意排气危害。发动机排出的气体有毒，在屋内运转时，应进行换气，打开门窗，使室外空气能充分进入。

2. 防止高压喷油侵入皮肤造成危险。禁止用手或身体接触高压喷油，可使用厚纸板，检查燃油喷射管和液压油是否泄漏。一旦高压油侵入皮肤，立即找医生处理；否则可能会导致皮肤坏死。

3. 运转后的发动机和散热器中的冷却水或蒸汽接触到皮肤会造成烫伤，应在发动机停止工作至少 30min 后，才能接近。

4. 运转中的发动机机油、液压油、油管和其他零件会产生高温，残压可能使高压油喷出，使高温的塞子、螺丝飞起造成烫伤。所以，必须确认温度充分下降，没有残压后才能进行检查。

5. 发动机、消音器和排气管会因机器的运转产生高温，机器运转中或刚停机后不能马上接触。

6. 注意蓄电池的使用，防止造成伤害。

第四章 设施养猪装备常识

第一节 设施养猪基础知识

一、养猪场机械化程度分类

按照各项作业机械化的程度，猪场可分为半机械化养猪场、机械化养猪场和工厂化养猪场三类。

（一）半机械化养猪场

半机械化养猪的生产中只是个别环节实现了机械化，还需辅以大量的人工劳动。它一般和传统猪舍、敞开式猪舍相结合。

（二）机械化养猪场

机械化养猪场生产中的主要环节都实现了机械化，但对自然条件还有一定的依赖性。它可以在传统式、敞开式或密闭式猪舍内饲养。

（三）工厂化养猪场

工厂化养猪场具备了工业生产的特点，即可以不受自然界的影响，在猪舍内进行大规模的集中饲养，生产过程程序化，各项作业实现高度的机械化和自动化。它大部分采用无窗密封猪舍饲养，在温暖地区，也有以敞开式、半封闭式和封闭式猪舍相结合进行各类猪的饲养。

1. 工厂化养猪场的场址选择

工业化养猪场的场址选择涉及面积、地势、水源、防疫、交通、电源、排污与环保等诸多方面，需周密计划，事先勘察，才能选好场址。

（1）面积与地势 要把生产、管理和生活区都考虑进去，并留有余地，计划出建场所需的占地面积。地势宜高燥，地下水位低，土壤通透性好。要有利于通风，切忌把大型养猪场建到山窝里，否则污浊空气排不走，整个场区常年空气环境恶劣。

（2）防疫 猪场的选址要距离主要交通干线公路、铁路尽量远一些，距离居民区至少2km以上。因为既要考虑猪场本身防疫，又要考虑猪场对居民区的影响。猪场与其他牧场之间也需保持一定距离。

（3）交通 既要避开交通主干道，又要交通方便，因为饲料、猪产品和物资运输量很大。

（4）供电 距电源近，节省输变电投资。供电稳定，少停电。

（5）水源 猪场的用水量非常大，特别是现代化、规模化程度较高的猪场。以一个自繁自养的年出栏万头的猪场为例，每天至少需要100m³水。如果水源不足将会严重影响猪场的正常生产和生活，所以，对于一个万头猪场，水井的出水量最好在10m³/h以上。同时水质也十分重要，要符合《无公害猪饮用水标准》（NY5027—2001）的要求。水中的细菌是否超标，水的含氟、砷等各种矿物质离子是否过高，人畜是否可以饮用等都要事先了解。

（6）排污与环保 猪场周围有农田、果园，并便于自流，就地消纳大部或全部粪水是最理想的。否则需把排污处理和环境保护做重要问题规划，决不允许污染地下水和地上水源、河流。

2. 猪场总体布局

大型工厂化养猪场在总体布局上至少应包括生产区、生产辅助区、管理与生活区。

（1）生产区 包括各种猪舍、消毒室（更衣、洗澡、消毒）、消毒池、药房、兽医室、病死猪处理室、出猪台、值班室、隔离舍、粪便处理区等。

（2）生产辅助区 包括饲料车间及仓库、水塔、水泵房、锅炉房、变配电室、车库、屠宰加工车间、维修车间及仓库等，生产辅助区按有利于防疫和便于与生产区配合布置。

（3）管理与生活区 包括办公室、食堂、职工宿舍等。管理与生活区应建在高处、上风处。

二、养猪场猪舍建筑形式分类

（一）按屋顶形式分

猪舍有单坡式、双坡式等。单坡式一般跨度小，结构简单，造价低，光照和通风好，适合小规模养猪场。双坡式一般跨度大，双列猪舍和多列猪舍常用该形式，其保温效果好，但投资较多。

（二）按墙的结构和有无窗户分

猪舍有开放式、半开放式和封闭式3种。

1. 开放式猪舍

该种猪舍建筑简单，节省材料，通风采光好，舍内有害气体易排出。由于猪舍不封闭，舍内的气温随着自然界变化而变化，不能人为控制，尤其北方冬季寒冷，这样影响了猪的繁殖与生长，正如常说的一年养猪半年长。另外相对占用面积较大，建议北方不要采用。

2. 封闭式猪舍

通常有单列式、双列式和多列式。

（1）单列封闭式猪舍 猪栏排成一列，靠北墙可设或不设走道。构造简单，采光、通风、防潮好，冬季不是很冷的地区适用。

（2）双列式封闭猪舍（图4-1）猪栏排成两列，中间设走道，管理方便，利用率高，保温较好，采光、防潮不如单列式。冬季寒冷地区适宜选用此类猪舍。

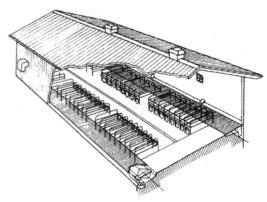

图4-1 双列式封闭猪舍

（3）多列式封闭猪舍 猪栏排成3列或4列，中间设2条或3条走道，保温好，利用率高，但构造复杂，造价高，通风降温较困难。

3. 半开放式猪舍

介于开放式和封闭式之间。

（三）大棚式猪舍

大棚式猪舍即用塑料扣成大棚式的猪舍，利用太阳辐射增高猪舍内温度，多用于个体或小型猪场。北方冬季养猪多采用这种形式。这是一种投资少、效果好的猪舍。根据建筑上塑料布层数，猪舍可分为单层塑料棚舍、双层塑料棚舍。根据猪舍排列，可分为单列塑料棚舍和双列塑料棚舍。另外还有半地下塑料棚舍和种养结合塑料棚舍。

1. 单层塑料棚舍与双层塑料棚舍

单层塑料布的猪舍为单层塑料棚舍。双层塑料布猪舍为双层塑料棚舍。单层塑料棚舍比无棚舍的平均温度可提高13.5℃，说明塑料棚舍比无棚舍显著提高猪舍温度。

据试验了解，有棚舍比无棚舍猪只日增重可达238g，每增重1kg可节省饲料0.55kg。因此，塑料大棚养猪是在北方寒冷地区投资少、效果好的一种方法。双层塑料棚舍比单层塑料棚舍温度高，保温性能好。在冬季11月至翌年3月，双层塑料棚舍比单层塑料棚舍温度提高3℃以上，肉猪的日增重可提高50g以上，每增重1kg节省饲料0.3kg。

2. 单列塑料棚舍和双列塑料棚舍

单列塑料棚舍指单列猪舍扣塑料布。双列塑料棚舍，由两列对面猪舍连在一起扣上塑料布。这类猪舍多为南北走向，上下午及午间都能充分利用阳光，以提高舍内温度。

3. 半地下塑料棚舍

半地下塑料棚舍宜建在地势高燥、地下水位低或半山坡地方。一般地下部分为80～100cm。这类猪舍内壁要砌成墙，防止猪拱或塌方。底面整平，修筑混凝土地面，这类猪舍冬季温度高于其他类型猪舍。

4. 种养结合塑料棚舍

这种猪舍是既养猪又种植（种菜），建筑方式同单列塑料棚舍。一般在一列舍内有一半养猪，一半种菜，中间设隔断墙。隔断墙留洞口不封闭，猪舍内污浊空气可流动到种菜室那边，种菜室那边新鲜空气可流动到猪舍。在菜要打药时要将洞口封闭严密，以防猪中毒。最好在猪床位置下面修建沼气池，利用猪粪尿生产沼气，供照明、煮饭、取暖等用。

三、猪舍的养育类型

猪舍的设计与建筑，首先要符合养猪生产工艺流程，其次要考虑各自的实际情况。黄河以南地区以防潮隔热和防暑降温为主；黄河以北地区则以防寒保温和防潮防湿为重点。根据猪的养育类别不同，猪舍有以下几种类型。

1. 公猪舍

公猪舍一般为单列半开放式，舍内温度要求15～20℃，风速为0.2m/s，内设走廊，外有小运动场，以增加种公猪的运动量，一般一栏一头为好。

2. 空怀、妊娠母猪舍

空怀、妊娠母猪最常用的一种饲养方式是分组群养，一般每栏饲养空怀母猪4～5

头，妊娠母猪 2 ~ 4 头。猪栏的围栏结构有实体式、栏栅式、综合式三种。猪舍布置多为单走道双列式。猪栏面积一般为 7 ~ 9m²，地面坡降不要大于 1/45，地表不要太光滑，以防母猪跌倒。另外也有用单舍饲养，一栏一头。这时舍温要求在 15 ~ 20℃，风速为 0.2m/s。

3. 分娩哺育舍

舍内设有分娩栏，布置多为两列或三列式。舍内温度要求 15 ~ 20℃，风速为 0.2m/s。分娩栏的结构也因条件而异。

（1）地面分娩栏 采用单体栏，中间部分是母猪限位架，两侧是仔猪采食、饮水、取暖等活动的地方。母猪限位架的前方是前门，前门上设有食槽和饮水器，供母猪采食、饮水，限位架后部有后门，供母猪出入及清粪的操作。

（2）网上分娩栏 主要由分娩栏、仔猪围栏、钢筋编织的漏缝地板网、保温箱、支腿等组成。

4. 仔猪保育舍

舍内温度要求 26 ~ 30℃，风速为 0.2m/s。可采用网上保育栏，1 ~ 2 窝一栏网上饲养，用自动落料食槽，自由采食。网上培育，减少仔猪疾病的发生，有利于仔猪健康，提高仔猪成活率。仔猪保育栏的构建主要由钢筋编织的漏缝地板网、围栏、自动落料食槽、连接卡等组成。

5. 生长、育肥舍和后备母猪舍

这 3 种猪舍均采用地面群养方式，自由采食，其结构形式基本相同，只是在外形尺寸上因饲养头数和猪体大小的不同而有所变化。

第二节　设施养猪装备的种类及用途

养猪场所需设备的品种及类型，因养猪场的经营方向、规模大小、生产水平和机械化水平的高低而有不同，但都包括饮水设备、饲喂设备、环境调控设备、除粪设备、消毒设备和粪污处理设备等。

一、饮水设备

饮水设备主要功用是供给猪饮水和清洗。常用的饮水设备主要有自来水输水管道、闸阀和自动饮水器等。自动饮水器可分为：鸭嘴式饮水器、乳头式饮水器和杯式饮水器。目前普遍采用的是鸭嘴式饮水器。

二、饲喂设备

饲喂设备主要功用 是提供猪的饲料等。从经济学的角度来看，科学的饲养至关重要。因为饲料费用占养殖总成本的 65% ~ 75%。因此每一个养猪业者应尽力提供一种既理想又廉价的饲料，即每单位的饲料消耗能生产最多优质的猪肉，而饲料的成本又是最低的。

目前，国内外喂给猪的饲料主要有干饲料、湿饲料和稀饲料 3 类，相应的机械化饲喂设备也可分为干饲料喂饲、湿饲料喂饲和稀饲料喂饲三大设备类型。

适用于干料、湿料和稀料的饲料喂饲机械设备有螺旋输送式、往复刮板式、环形刮板式、环形链板式和稀饲料管道输送式等类型；此外还有自动饲槽和各种饲料车。

三、猪舍环境调控设备

猪舍环境调控就是调整和控制影响猪生长、发育、繁殖、生产产品等的所有外界条件。猪舍空气环境因素，主要包括温度、湿度、气流、光照、有害气体、灰尘等，它们共同决定了猪舍（主要指封闭式和半封闭式猪舍）的小气候环境。猪生活在舍内小气候中随时与这些因素发生相互影响，这些影响有时可以锻炼猪有机体对外界气候的适应性和抵抗力，但当其发生骤然变化超出了猪有机体的调节能力时，反而会降低其抵抗力，特别是对弱猪和幼猪危害重大，甚至造成死亡。因此，采用猪舍环境设备，是为猪的健康生长创造最优的环境条件，提高猪的生产性能所必需的。

猪舍环境调控制设备主要有通风设备、降温设备、加温设备、采光与照明设备和环境综合控制器等。

（一）通风设备

1. 猪舍通风的基本要求

（1）为猪供给充分的新鲜空气。

（2）从舍内排出过量的水汽、灰尘，以及猪粪尿发出的臭味；使舍内空气的湿度、气味及灰尘维持在适当的范围内。

（3）将舍内空气温度维持在适合舍内各类猪群要求的最佳温度范围以内，也就是在夏天通过通风排出过多的热量；而在冬季，在北方寒冷地区，必要时由加温设备供给辅助的热量。

2. 通风作用

通风即通过舍内外的空气交换，降低或维持舍内温度，是控制设施养猪环境的主要手段。除了严寒和酷暑气候以外，通风可保证一定的舍内温度和相对湿度，同时又能保证要求的空气质量。其作用如下。

（1）提供氧气　让新鲜的空气能够通过设计好的通风口进入养猪舍内，为养猪提供氧气。

（2）通风换气　让进入到舍内的新鲜空气能够和舍内的空气充分混合后排出，进行通风换气。

（3）维持温度　保持养猪需要的均衡适宜的温度环境。

（4）净化空气　通过新鲜空气进入舍内与湿气、有害气体、灰尘、热气、病菌混合成为污浊空气后从舍内排出去的过程，从而净化空气、降低舍内空气湿度和温度（图4-2）。

3. 通风设备

猪舍常用的通风设备有电风扇、轴流式风机、离心式通风机和各种进、出管道及操纵和调节装置等组成。

（二）降温设备

降温设备的主要功用是在夏季消除或减轻高温对猪生长的影响，并保持养猪舍内一定的温度。猪舍常用的降温设备有湿帘风机降温、喷雾降温设备、喷淋降温设备和滴水

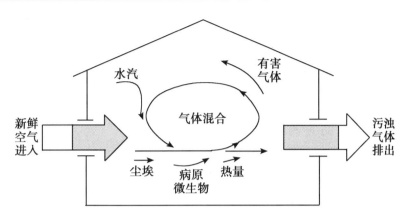

图 4-2 基本的通风过程

降温设备等。

（三）加温设备

加温设备的主要功用是在冬季提高猪舍内的低温并保持一定的温度。猪舍常用的加温设备有热水加温设备、热风加温设备、电热加温设备和局部加温设备等。这里着重介绍电热加温设备。

电热加温设备是通过各种所用电器，将电能转化为热辐射进行仔猪采暖的方式。该加温方式是目前世界范围内应用最广泛的仔猪取暖方式。通常采用的设备有红外灯、电热板和远红外线辐射板加热器。

（1）红外线灯 红外线辐射对猪的生长发育有促进的作用，是十分理想的采暖热源，而红外线光灯又价格低廉，使用方便，所以红外线光灯在国内外的工厂化猪场使用最广泛，但过去使用的红外线光灯存在沾水易爆、破损率高的缺点，现在一些厂家已研制成防水（爆）红外线灯，大大提高了其使用寿命，连续工作时间达到 5 000h 以上。

（2）电热板 电热板直接通过电热线将电能转化为热能，形成一个较温暖的仔猪睡床，既清洁效果又好。通常采用的有固定式混凝土电热地板和活动式电热板，其中有的可以调温。其电热线分两大类：使用电源电热线和使用低电压的电热线，前者必须以聚乙烯或塑料绝缘，后者则几乎不需绝缘，但因需使用变压器，成本较高。电热线的功率通常为 $160 \sim 200W/m^2$，其工作由电子热敏开关自动控制，可保证提供正确的温度同时保持最低的运行费用。活动式电热板则是直接将电热线封闭在橡胶、塑料、玻璃钢等材料内制成，它具有安装使用方便，采暖效果较好等优点，但目前国内生产的部分电热板质量差，如塑料接口不牢，容易破裂漏电；有的电源线和电热丝接头用料不好，容易折断；有些用不绝缘的电热丝，容易漏电；有的不设保温层，热量向下散发，效率降低；有的控温器不灵敏，而且电热线烧断后维修也不方便。

（3）远红外线辐射板加热器 远红外线辐射板加热器主要是为了给刚出生的仔猪使用。辐射板在通过电流后产生远红外线，并在加热器架上的反射板作用下，使远红外线集中辐射于仔猪躺卧区，当它被猪体表面吸收后，直接为其加热。其最大优点是热效率非常高。此外，仔猪经过远红外线辐射后还能促进增重和增强对各种疾病的抵抗能力。

四、清粪设备

设施养殖业中，由于饲养规模大，因此排放的废弃物量也很大，统计数据表明，我国畜牧养殖业排放的污染物中化学需氧量（COD_{Cr}）的排放量已经超过工业污水和生活污水排放量，成为第一大污染源。

（一）清粪设备功用和种类

清粪设备的主要功用是清洁猪的粪便，保持舍内的清洁环境。猪舍清粪设备常用的有拖拉机悬挂刮板式清粪机、刮板式及螺旋式清粪机和自流式、水冲式清粪设备等。辅助清粪设施还有普通地板和缝隙地板等。

（二）清粪形式及设备

猪舍的清粪形式主要有人工清粪、机械清粪、水冲清粪和水泡清粪4种。

1. 人工清粪

是人工利用铁锹、铲板、笤帚等将猪粪便收集成堆，人力装车或运走。这种方式简单灵活，但工人工作强度大、环境差，工作效率低，成本高。

2. 机械清粪

是利用机械将猪粪便从舍内清运出去。其特点是劳动强度低，工效高，节省劳力和水，费用低，能简化后续粪便处理工作；缺点是一次性投资大，有维护费用。

3. 水冲清粪

是将水贮存在水箱或管道中，定时地冲洗粪沟，将猪的粪便冲入贮粪坑。在猪舍缝隙地板的下面有纵向粪尿沟，沟底坡度为1%，以使粪液能够顺利地流动，在粪尿沟的侧壁上装有水管和冲洗喷头，喷头朝着流动方向，每隔8～10m安装一个，如图4-3所示。在猪舍清扫之后，向粪尿沟内放水冲洗1～2次，冲洗水压为392.3kPa，每次冲洗时间为1.5～2min。常用设备是自动冲水器。特点是设备简单、效率高、工作可靠，有利于舍内卫生，节省劳力和能源消耗；缺点是耗水量大（如每头猪日耗水量达15～20L），后续粪便处理工作量大。

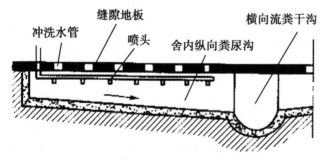

图4-3 水冲清粪

4. 水泡清粪

也称自流式清粪，是将粪沟底部做成有一定坡度，粪便在冲洗猪舍的水的浸泡和稀释下成为粪液，在自身重力的作用下流向端部的横向粪沟，再流向舍外的总排粪沟。根据所用设备不同，可分为截流阀门式、沉淀闸门式和连续自流式3种。下面以沉淀闸门式为例简要说明。

沉淀闸门式水冲清粪系统的纵向粪尿沟一般上部宽60～70cm，始端深度为60～70cm，并有冲洗水管伸向沟底，沟底有0.5%～1%的坡度；沟的末端设有闸门，闸门启闭应灵活，封闭要严密，如图4-4所示。工作时首先关严闸门，然后向沟内放水至5～10cm深，猪的粪便通过缝隙地板落入沟内。每隔3～4天打开闸门，同时将粪尿沟始端冲洗水管的阀门打开，放水冲洗粪尿沟，混合物流入横向粪尿沟内，最后流入贮粪池。此后，关闭闸门，再向粪尿沟内放水 5～10cm 深。

（三）地板

　　猪舍内的地板和清粪有密切的关系，是清粪工作的重要辅助设施。常用的有以下几种。

1. 普通地板

　　猪舍的普通地板常由混凝土砌成，一般厚 10cm。地面应向沟或向缝隙地板有 4°～8° 的坡度，以便于尿液的流动，也便于用水清洗。

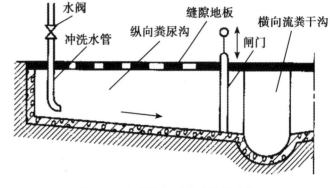

图 4-4　沉淀闸门式水冲清粪系统

2. 缝隙地板

　　缝隙地板是 20 世纪 60 年代开始流行的一种畜禽舍地板，目前，已广泛应用于机械化畜禽场。常见的缝隙地板材料有混凝土、钢制和塑料等。

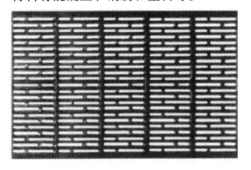

图 4-5　钢制缝隙地板

　　（1）混凝土缝隙地板　常用于大牲畜如成年的猪和牛。一般由若干栅条组成一个整体，每根栅条为倒置的梯形断面，内部的上下有两根加强的钢筋，上面两侧制成圆角以减少牲畜足部的损伤。混凝土缝隙地板坚固耐用，是目前常用的形式。

　　（2）钢制缝隙地板　钢制缝隙地板有带孔型材（用于小家畜，如图 4-5 所示）、特制网状钢板（用于小家畜）、镀锌钢丝的编织网（用于仔猪和家禽）三种。钢制缝隙地板寿命比较短，为 2～4 年，涂上环氧树脂可延长其寿命。

　　（3）塑料缝隙地板　常制成带孔型材，常用于分娩母猪舍和仔猪舍，它体轻价廉，但易引起牲畜的滑跌。

五、粪便处理设备

　　根据猪的粪便处理形态常用的有液态处理和固态处理两种。

（一）液态粪污处理设备

　　液态粪处理常用的设备有固液分离设备、生物处理塘、氧化沟和沼气池等。其优点是劳动消耗少，有些设施如厌氧生物塘等耗能也少，缺点是耗水量大，占地面积大，液粪容量大输送困难。

（二）固态粪污处理设备

　　固态粪污处理设备大多应用的是好氧发酵工艺，主要有塔式发酵干燥、旋耕式浅槽发酵干燥及螺旋式深槽发酵干燥等多种型式，尤以采用深槽发酵形式居多。固态处理的优点是节约水，工艺流程短，设施紧凑，占地面积小，缺点是劳动消耗量相对较大。

六、防疫消毒设备

消毒是指用物理的、化学的和生物的方法清除或杀灭畜禽体表及其生存环境和相关物品中的病原微生物及其他有害微生物的过程。

1. 防疫消毒的目的

防疫消毒的目的是切断病原微生物传播途径，预防和控制外源病原体带入畜群进行传播和蔓延，减少环境中病原微生物的数量。防疫消毒的种类有预防性消毒、临时消毒和终末消毒 3 类。

2. 消毒对象

设施养殖场消毒的主要对象是进入养殖场生产区的人员、交通工具、畜禽舍内外环境、舍内设备等。

3. 消毒方法

常用的消毒方法有物理消毒法、化学消毒法和生物消毒法 3 种。物理消毒法指机械清扫、高压水冲洗、紫外线照射及高压灭菌处理。化学消毒法指采用化学消毒剂对养殖舍内外环境、设备、用具以及畜禽体表进行消毒。生物学消毒指对畜禽粪便及污水进行生物发酵，制成高效有机物后利用。

4. 防疫消毒设备

常用消毒设备有高压清洗机、紫外消毒灯、喷雾机械、高压灭菌容器。主要消毒设施包括生产区入口消毒池、人行消毒通道、尸体处理坑、粪便发酵场和专用消毒工作服、帽、胶鞋。

5. 常用消毒剂种类

畜禽养殖常用的消毒剂有碱性消毒剂（2%～4% 浓度的氢氧化钠和氧化钙）、醛类消毒剂（8%～40% 浓度的甲醛溶液）、含氯类消毒剂（漂白粉、次氯酸钠、氯亚明、二氯异氰尿酸钠和二氧化氯等）、含碘类消毒剂（有碘酊、复合碘溶液和碘伏）、酚类消毒剂（有石碳酸、消毒净、来苏儿、氯甲酚溶液和煤焦油皂液）、氧化类消毒剂（有过氧乙酸、双氧水和高锰酸钾）、季铵盐类消毒剂（有新洁尔灭、杜米芬、百毒杀、洗必泰、百毒清）和醇类消毒剂（有乙醇和异丙醇）。

第二部分　设施养猪装备操作工——初级技能

第五章　设施养猪装备作业准备

相关知识

一、自动饮水设备作业准备

1. 检查饮水器的规格和安装高度。
2. 清洁饮水设备。
3. 检查饮水器的技术状态。
4. 检查供水管水压、水质和管道的密封性能。
5. 检查阀门等控制装置的灵敏度和可靠性。

二、饲喂设备作业准备

1. 检查电源电压和电路技术状态。
2. 检查电动机或发动机技术状态。
3. 清洁饲喂设备。
4. 检查保护装置或控制装置的灵敏度和可靠性。
5. 检查输送装置的技术状态。
6. 检查计量装置的灵敏度。
7. 检查泵的技术状态。
8. 检查管路的密封性。
9. 检查饲槽的安装高度和技术状态。
10. 检查各连接部件的牢固性。
11. 根据猪的品种、用途、大小等准备饲料。

三、通风设备作业准备

1. 检查机电共性技术状态。
2. 检查风扇安装的高度。
3. 检查风机叶片技术状态。
4. 清洁通风设备表面。
5. 检查电源和电线管路。
6. 检查电控装置灵敏度。
7. 电机轴承注油孔加油润滑。

8. 检查紧固各连接螺栓。

四、养猪供水方式与供水系统

（一）猪舍的供水方式

猪舍的供水方式有定时给水和经常给水两种。

1. 定时给水

一般多在喂饲前后在饲槽中放水，饲槽兼用作水槽，一物两用，其缺点是不便实现给水自动化，猪不能按照自身的生理需要饮到所需的水量，耗水量大，通槽饮水还容易传染疾病。

2. 经常给水

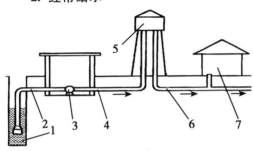

图 5 - 1　养猪场供水系统

1 - 水源；2 - 吸水管；3 - 抽水站；
4 - 扬水管；5 - 贮水塔；6 - 配水管；7 - 猪舍

经常给水通常是安装单个的自动饮水器来不间断地供水，使猪在任何时候想饮水时都能够及时有水。经常给水能满足各种猪饮水量的需求，并且有利于饲养管理和防疫卫生，因而是一种合理的给水方式。

（二）养猪场供水系统组成

一个完整的养猪场供水系统包括取水设备、贮水塔、水管网及饮水设备等组成（图 5 - 1）。

1. 取水设备

主要是水泵、电机和进水管道等。

2. 贮水塔

又称高位贮水箱，是供水系统中的贮水设备，其作用是：①储备一定水量来平衡水泵供水量和配水管网需水量之间的差额。②储备一定量的水以供消防和其他用水。③在配水管网内形成足够的水压，使水有一定的流速流向各用水点。

在贮水箱上连接有扬水管、配水管、溢水管和放水管。扬水管将水泵从水源压送来的水引入到水箱中。配水管把水从水箱沿配水管网送至各用水点，为了保证供水的清洁，避免水箱底部的沉淀物进入配水管网，配水管进水口应高于水箱底 100 ~ 150mm。溢水管的作用是在水箱装水过满时排出多余的水，放水管则是为了在检修或清洗时放水之用。

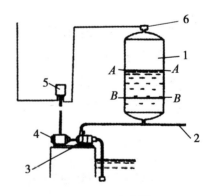

图 5 - 2　压力罐

A—A. 上限水位；B—B. 下限水位
1 - 气水罐；2 - 供水、配水管路；3 - 水泵；
4 - 电动机；5 - 磁力启动器；6 - 压力继电器

在中、小型猪养殖场也可用压力罐来替代贮水塔。压力罐由气水罐、压力继电器、供水—配水管路等组成（图 5 - 2）。压力罐工作时，向各用水点供水的同时将多余的水输送至气水罐。气水罐内因水位不断上升而使气压升高，水位达到上限水位时，压力继电器切断电动机电源，水泵停止工作。此时气水罐内的水在罐内气压的作用下继续流向供水点，水位降低，气压也随着水位的下降而降低，当水位下降到下限水位时，压力继电器将电动机电源重新接通，水泵又开始工作。压力罐的优点是投资少，比高位贮水箱可减少投资 50% ~85% 。但需要可靠的电力供应保证。

在用压力罐供水时要有过滤装置滤去水中的泥沙等杂质，以保证猪的饮水卫生和防止泥沙堵塞饮水器。

3. 水管网

水管网主要包括扬水管、配水管、溢水管、放水管和阀等。扬水管将水泵从水源压送来的水引入到水箱中。配水管把水从水箱沿配水管网送至各用水点，为了保证供水的清洁，避免水箱底部的沉淀物进入配水管网，配水管进水口应高于水箱底 100 ~150mm。溢水管的作用是在水箱装水过满时排出多余的水，放水管则是为了在检修或清洗时放水之用。

在管路中装有调压阀、过滤器、水表、加药器和自动饮水器等。如图 5 - 3 所示。

4. 饮水设备

猪饮水设备主要是自动饮水器和水槽等。

自动饮水器在现代化猪场中广泛采用，其优点是可以随时供给新鲜干净的水，减少疾病传染，节约用水，节约开支；能避免饮水溅洒，保持猪舍干净。常用的自动饮水器主要有杯式、乳头式和鸭嘴式 3 种。

（1）杯式饮水器 杯式饮水器有弹簧阀门式和重力密封式两种。9SZB 型杯式饮水器的杯容量有 330ml 和 350ml 两种规格。要求工作水压为 70 ~400kPa，水的流量为 2 000 ~3 000ml/min，每个饮水器可供 10 ~15 头猪饮水。

（2）乳头式饮水器 乳头式饮水器可使用较高的水压，但主管水压适于在 14.7 ~20kPa，若水压过大，猪只饮水会被呛着。每个饮水器的流量为 2 000 ~3 500ml/min，可供 10 ~15 头猪饮水。在高压

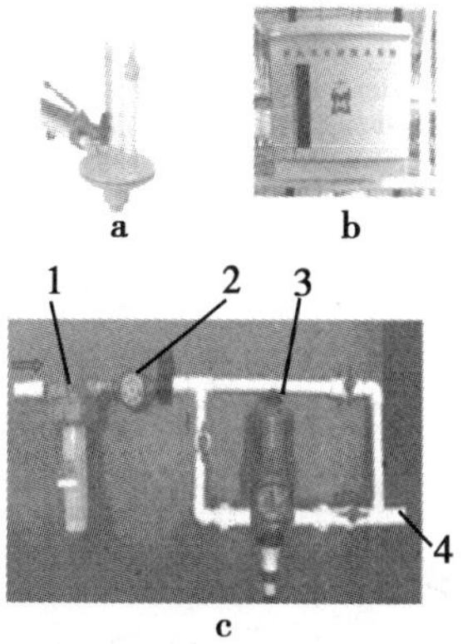

图 5 - 3 猪舍供水管路组成
a. 调压阀；b. 调压水箱；
c. 过滤器与加药器
1 - 过滤器；2 - 水表；
3 - 加药器；4 - 出水口

给水系统中应在舍内设置减压水箱或在管路上安装减压阀，以控制水压在适宜范围内。

（3）鸭嘴式饮水器 鸭嘴式饮水器的出水孔径有 2.5mm 和 3.5mm 两种规格，每分钟的水流量分别为 2 000 ~ 3 000ml 和 3 000 ~ 4 000ml。每个鸭嘴式饮水器可供 10 ~ 15 头猪饮水。要求主水管的水压低于 400kPa。

五、养猪饲喂相关知识

饲喂工作占养猪场总工作量的 30% ~40% 。使猪按时、定量、无损失地吃到额定饲料，防止强、弱猪饥饱不均，是提高饲料报酬，提高出栏率，减少病、弱猪的一项重要措施。

（一）饲料的形态和饲喂种类

1. 饲料的形态

饲料的形态有3种。一种是干料（包括粉料和颗粒饲料），含水率12%～15%；另一种是湿料（包括湿拌料和糖化饲料），含水率40%～60%；还有一种是稀料，含水率70%～80%，具有一定的流动性。干料易于加工贮存和实现机械化自动化饲喂，它既适合于自由采食，也适合限量饲喂。稀料也便于实现机械化自动化饲喂，但它在夏季易腐败，冬季易冻结，含水率过大使舍内湿度增大。湿料便于利用青绿饲料和农副产品下脚料，适口性好，但因其黏结力大，不易实现机械化自动化饲喂，同时夏季也易腐败。湿料一般用于限量饲喂。

2. 饲喂种类

猪的饲喂种类按喂料量可分为自由采食（不限量饲喂）和限量饲喂两种。限量饲喂主要用于公种和母猪的饲喂，它可以限制其采食量，防止其吃得过多长得过肥而影响其繁殖能力，同时能节省饲料。自由采食用于保育、生长和育肥猪的饲喂，自由采食就是食槽中时刻有饲料，猪可以随时吃食，使其日增重快，缩短饲养周期，提高出栏率。

按饲喂方式分为机械化自动饲喂和机械加人工饲喂。

（二）对饲喂设备的要求

（1）按时、定量、无损失地使每一头猪吃到额定饲料，对于自由采食而言，应当保证食槽中随时都有饲料。

（2）各次的排量均匀，对饲料排量的不均匀率：干饲料为5%～10%，湿饲料为10%～15%，青饲料为15%～27%，稀饲料为2%～5%。

（3）饲料损失要少。

（4）给料量能按猪的不同生长阶段进行调整，调整方法简便。

（5）结构简单，工作可靠，便于操作和维护。

（6）噪声小，寿命长，运行维护费用低。

（三）猪场常用的饲喂设备

猪场常用的饲喂设备有贮料塔、干饲料输送机、湿饲料输送机、稀饲料输送机、输送车和食槽等。

1. 贮料塔

贮料塔多用2.5～3.0mm的镀锌钢板压制组装而成，成圆筒形或圆锥体形，便于进料和落料，下部圆锥体的锥面与水平面夹角>60°，以利于排料。

贮料塔的高度不能太高，以便加料和维护检修。另外还应配备料位显示器，以便及时加料。贮料塔的容量有2t、4t、5t、6t、8t、10t等。其选择原则应是所贮饲料够猪吃3～5天，容量过小则加料频繁；容量过大则饲料易结拱，同时造成设备浪费。在采用机械化自动饲喂时，每栋猪舍应安装一个贮料塔，以减少饲料的输送距离。

一般使用装有螺旋搅龙提升机的饲料运输车向贮料塔中加料。

2. 饲料喂料设备

常用的饲料喂料设备有干饲料喂料设备、湿饲料喂料设备和移动式喂料车等。

（四）饲喂设备的配置

根据饲料的形态和饲养工艺要求，猪用喂料机械分干、湿饲料喂料设备和稀饲料喂料设备3类。其配置如图5-4所示。

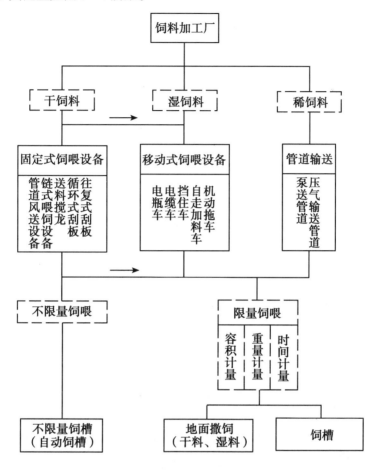

图5-4　饲喂设备配置图

六、机械技术状态检查目的要求

1. 检查目的

是保证设施养殖装备及时维修，作业性能良好安全可靠。

2. 检查前要求

（1）熟读产品说明书或经过专门培训，熟悉该机具的结构、工作过程。

（2）掌握机具操作手柄、按键或开关的功用和操作要领。

（3）掌握该机具的安全作业技术要求。

七、机械技术状态检查内容

由于各装备的结构不一样，检查的内容有异，其共性内容主要包括动力部分、电源和电路、传动部分、操作部件和工作部件等。

1. 动力部分

（1）检查发动机　检查发动机的冷却水、机油、燃油的数量、质量和有无泄漏；

输出功率和转速是否正常等。

（2）检查电动机　检查电动机和启动设备接地线是否可靠和完好；接线是否正确；接头是否良好；检查电动机铭牌所示额定电压、额定频率是否与电源电压、频率相符合；检查电动机绝缘电阻值和部分电机的电刷压力；检查电动机的转子转动是否灵活可靠，轴承润滑是否良好；检查电动机的各个紧固螺栓以及安装螺栓是否牢固等。

2. 电源和电路

检查电源、电压是否稳定正常；检查电路接线正确，接头牢固无松动；检查电路线无损坏绝缘良好；检查安全保险装置灵敏可靠；检查设备用电与所用的熔断器的额定电流是否符合要求。

3. 传动部分

检查外围要有安全防护装置；检查各机械连接可靠、有无松动等，运转无异响；检查皮带或链条的张紧度适宜；润滑和密封性良好等。

4. 操作部件

要求转动灵活，动作灵敏可靠。

5. 工作部件

要作业可靠、符合设施养殖要求。

6. 周围环境要求无不安全因素。

八、机械技术状态检查方法

作业前的检查方法主要是眼看、手摸、耳听和鼻闻。

1. 眼看

（1）围绕机器一周巡视检查机器或设备周围和机器下面是否有异常的情况，查看是否漏机油、漏电等，密封是否良好。

（2）检查各种间隙大小和高温部位的灰尘聚积情况。

（3）检查保险丝是否损坏，线路中有无断路或短路现象。检查接线柱是否松动，若松动，则进行紧固。

（4）查看灯光、仪表是否正常有效。

2. 手摸

（1）检查连接螺栓是否松动。

（2）检查各操作等手柄是否灵活、可靠。

（3）手压检查传动带或链条张紧度是否符合要求。

（4）手摸轴承相应部位的温度感受是否过热。若感到烫手但能耐受几分钟，温度在 50~60℃；若手一触用就烫得不能忍受，则机件温度已达到 80℃以上。

（5）清除动力机械和其他设备周围堆积的干树叶、杂草等易燃物。

3. 耳听

（1）用听觉判断进排气系统是否漏气，若有泄漏，则进行检修。

（2）用听觉判断传动部件是否有异常响声。

4. 鼻闻

用鼻闻有无烧焦或异常气味等，及时发现和判断某些部位的故障。

操作技能

一、自动饮水器作业前技术状态检查

1. 检查安装

（1）鸭嘴式饮水器　要根据猪的大小先选出水孔径是 2.5mm 还是 3.5mm 两种规格。安装时其轴线与地面水平，向下倾角在 10°～20°。在粪沟的一侧安装饮水器，高度由猪的类型来定，一般为猪的肩高加 50mm。因此，育成猪为 350～450mm，育肥猪为 500～600mm，妊娠母猪为 550～650mm。为保证猪直接饮用到的水冬暖夏凉、舒服又爽口，建议主水管路在猪舍地下布置。

（2）乳头式饮水器　安装时，一般应使其与地面成 45°～75°倾角，离地高度，仔猪为 250～300mm，生长猪（3～6 月龄）为 500～600mm，成年猪 750～850mm。

（3）杯式饮水器　安装在猪栏内，杯底距地面 100～200mm 的地方，这样可以有效地减少水的浪费。

2. 技术状态检查

（1）检查供水管水压和水质是否符合要求。

（2）检查饮水器的技术状态是否良好，工作可靠。

（3）检查饮水器的安装高度是否和猪的高度匹配。

（4）检查供水管道是否密封，不漏水。

（5）检查供水管各种阀门等控制装置是否灵敏和可靠。

二、饲喂设备作业前技术状态检查

1. 检查电源电压和电路技术状态是否良好。

2. 检查电动机或发动机技术状态是否良好。

3. 检查保护装置或控制装置是否灵敏和可靠。

4. 检查管路是否密封，不漏洒饲料和水等。

5. 检查计量装置是否灵敏和准确。

6. 检查泵的技术状态是否良好。

7. 检查输送装置的技术状态是否良好。

8. 检查饲槽的安装高度是否与猪匹配以及其技术状态是否良好。

一般饲槽安装在走道一面的猪栏的中央，一半突出于猪栏外，高度下降 100～150mm，这样可有效减少猪采食困难。饮水器的位置应该安装在饲槽上方，以减少猪在采食时的跑动，从而减少饲料的浪费，因为猪在跑动时有饲料从猪口角撒出。

9. 检查各连接部件是否紧固、牢靠，无松动。

10. 检查猪的饲料是否准备充足，并符合饲养要求。

三、通风设备作业前技术状态检查

1. 检查机电共性技术状态是否良好。

2. 检查风扇安装的离地面高度是否大于 2.2m。

3. 检查风机叶片是否完好，无变形，连接牢固。

4. 检查通风设备表面的油污或积灰是否清除。设备表面的油污和积灰不能用汽油或强碱液擦拭，以免损伤表面油漆部件的功能。

5. 检查电源和电线管路是否良好。

6. 检查电控装置是否灵敏可靠。

7. 检查电机轴承注油孔是否注入适量机油。

8. 检查各连接螺栓是否拧紧可靠。

第六章 设施养猪装备作业实施

相关知识

一、自动饮水器的种类及组成特点

养猪常用的自动饮水器有杯式饮水器、乳头饮水器和鸭嘴式饮水器3种。

（一）杯式饮水器

1. 9SZB－330 型杯式饮水器

它由阀座、阀杆、杯盆、触板、支架等组成（图6－1）。其优点是工作可靠、耐用、出水稳定、出水量足，密封性能好，不射流、杯盆浅，饮水不会溅洒，容易保持猪舍干燥。缺点是结构复杂、造价高，需定时清洗，适用于仔猪和育肥猪饮水。

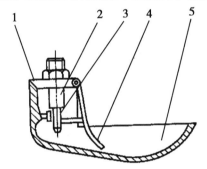

图6－1 9SZB－330 型杯式饮水器

1－支架；2－阀座；3－阀杆；
4－触板；5－杯盆

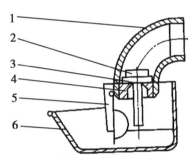

图6－2 重力密封杯式饮水器

1－水管；2－阀杆；3－密封圈；
4－阀座；5－压板；6－杯盆

2. 重力密封杯式饮水器

它由阀座、阀杆、密封圈、压板和杯盆等组成（图6－2）。

（二）乳头饮水器

猪用乳头式饮水器由阀体、阀杆和钢球组成（图6－3）。阀体根部有螺纹，可安装在水管上。钢球和阀杆靠自重和管内水压落下，与阀体形成两道密封环带而不漏水。其优点是结构简单，对泥沙等杂质有较强的通过能力，缺点是密封性较差，并要减压；当水压过高、水流过急时会使猪饮水不适，水耗增加，易弄湿猪栏。适用于育肥猪、妊娠猪和生长育成猪。

（三）鸭嘴式饮水器

9SZY 型鸭嘴式饮水器（图6－4）由阀体、鸭嘴、阀杆、胶垫、弹簧、卡簧、滤网等组成。阀体为圆柱形，末端有螺纹，拧装在水管上。阀杆大端有密封胶垫，弹簧将它紧压在阀体上，将出水孔封闭而不漏水。其优点是：水流出缓慢，供水充足，符合猪的饮水要求，工作可靠，不漏水，不浪费水，鸭嘴式饮水器可供仔猪、育成猪、育肥猪、种猪等使用。目前，在各类养猪场应用很广。鸭嘴式饮水器的材质有铸铜和不锈钢两种，内部的弹簧用不锈钢丝制成。

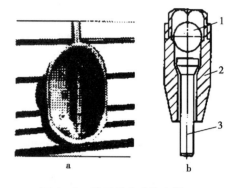

图6-3　猪用乳头式饮水器

a. 外形图；b. 结构图

1-钢球；2-阀体；3-阀杆

二、饲喂设备的种类及组成

（一）干饲料喂料设备

猪用干饲料喂料设备也可分为固定式和移动式两类。固定式和移动式喂料设备又可分为限量和不限量两种型式。采用限量和不限量喂饲主要取决于饲养要求，一般分娩母猪和妊娠母猪都采用限量喂饲，仔猪和育肥猪则两者都有应用。

固定式干料喂料设备的主要工作部件为喂料机，喂料机可以分为搅龙式、索盘式、螺旋弹簧式和往复刮板式等形式。

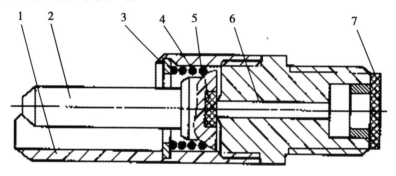

图6-4　猪用鸭嘴式饮水器

1-鸭嘴；2-阀杆；3-卡簧；4-弹簧；5-胶垫；6-阀体；7-滤网

1. 搅龙式干饲料喂料机

搅龙式干饲料喂料机由电动机、料仓、搅龙、落料管、不限量饲槽等组成，如图6-5所示。

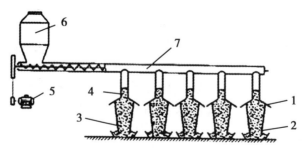

图6-5　搅龙式干饲料喂料机

1-最高料位开关；2-最低料位开关；3-不限量饲槽；
4-落料管；5-电动机；6-料仓；7-搅龙

该机和不限量饲槽结合，用来喂饲育肥猪，是生产上广为应用的方式，很便于实现养猪的机械化、自动化。通常是由饲料运输车将饲料运至猪舍，储存于猪舍一端或中部的料塔内，再由料塔搅龙将饲料送往猪栏的不限量饲槽。在搅龙的下部开有若干个孔，每个孔对应有一个饲槽，在两孔之间，用垂直管子相连。

2. 索盘式干饲料喂料机

索盘式环形管道喂料机由驱动装置、储料塔、料箱、配料管、索盘牵引件、自动饲槽等组成。如图 6-6 所示。

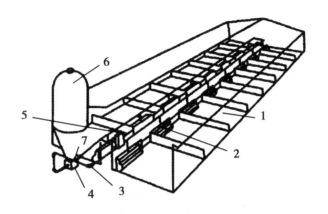

图 6-6　索盘式干饲料喂料机

1-群饲猪栏；2-自动饲槽；3-转角轮；

4-料箱；5-驱动装置；6-储料塔；7-配料管

其特点是工作可靠，无噪声，动力消耗少，可作远距离、多转角输送，既可输送干粉料，也可输送颗粒饲料。索盘式饲料喂料机的最大输送距离为 500m。

3. 螺旋弹簧式干饲料喂料机

螺旋弹簧式干饲料喂料机主要由驱动装置、螺旋弹簧、输料管、落料活门、料箱等部分组成（图 6-7）。驱动装置（动力箱）一般装在螺旋弹簧的末端。螺旋弹簧的末端是一段芯轴，插在螺旋弹簧内并固定在一起。芯轴直接与减速电机相连，或用三角皮带减速传动。输料管和落料管通常采用无毒 PVC 塑料管。螺旋弹簧的断面有圆形和方形两种，方形断面的生产率较高。

弹簧螺旋饲料输送机的转速一般为 500～1 500r/min，功率消耗与输送距离有关。其特点是结构简单，工作可靠，可在 90° 内自由输送，封闭输送可避免污染和损失，浪费小，噪声低，最大输送距离为 150m。缺点是零部件技术要求较高，维修不便，不适合于竖直向上输送饲料，输料管与水平面之间的夹角≤30°。但该输送机在输料过程中，弹簧与管壁之间有摩擦，使弹簧与管壁之间的饲料有破损，因此只适合输送干粉料，而不适宜输送颗粒饲料。可用于限量喂饲和非限量喂饲。

4. 刮板式干饲料饲喂机

刮板式干饲料饲喂机由驱动链轮、输料管、刮板、饲料箱、导向槽轮等组成。

图 6-8 是一种由行程开关控制作往复运动的刮板给料装置。其送料装置是在封闭的环行管道内运转，并同饲料箱连通，由于这种机驱动部件是环状链或钢丝绳，都是标准机件，便于购置和自行制造。

这种刮板给料机由两根输料管组成，在输料管的下面，开有很多排料口，由往复运

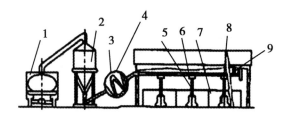

图6-7 螺旋弹簧式干饲料喂料机结构示意图

1-散装饲料车；2-料箱；3-输料管；4-螺旋弹簧；
5-落料管；6-落料活门；7-猪栏；8-自动食箱；9-驱动装置

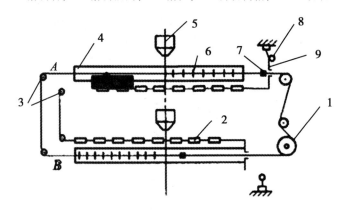

图6-8 刮板式干饲料饲喂机的组成与工作过程

1-驱动链轮；2-往复活门；3-导向槽轮；4-输料管；
5-饲料箱；6-刮板；7-触头；8-行程开关；9-活门挡板

动的活门控制其开闭。在输料管道中部的上方设有饲料箱，由料塔来的饲料由此进入管道，再由往复运动的刮板组分送到两侧。刮板组的长度约等于管道长度之半。两列刮板组构成一个回路，由驱动链轮驱动。

这种给料机适用于料塔在猪舍中间，而舍长在100m以内，用颗粒料或粉状料进行的限量喂饲。由于它有空行程而工作效率较低，较少用于不限量喂饲（自由采食）。这种喂饲设备可在水平面和垂直面内运送饲料，因此有利于猪栏和机械设备的合理布局，避免饲料污染、损失，并便于实现喂饲自动化。

（二）稀饲料喂料设备

该设备主要由饲料调制部分、管道输送部分、控制部分和饲槽等组成（图6-9）。饲料调制部分由贮料塔、计量器、饲料调制室、搅拌机等组成。管道输送部分包括输料泵及主、支输料管等；控制部分包括各种阀门和控制电器。

1. 饲料调制室

稀饲料调制室的室外建有干饲料储料塔，室内配置有搅拌罐。如需利用青绿饲料（或块根类），搅拌罐则应改为搅拌池，并需加设储存青绿饲料的地方和配置洗涤、粉碎青绿饲料的设备。如图6-10所示。稀饲料调制室的容积根据所饲喂猪的数量和管路长度而定，大约每100头猪所需容积为1m³（包括管道所占容积），常用的容积为2~5m³。

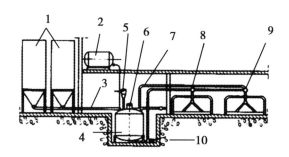

图 6 - 9　稀饲料喂料设备结构示意图

1 - 料仓；2 - 乳清罐；3 - 输料机；4 - 饲料调制室；5 - 附加入口；6 - 搅拌机；
7 - 回料管；8 - 自动阀门；9 - 用于半自动喂饲的手动阀门；10 - 输料泵

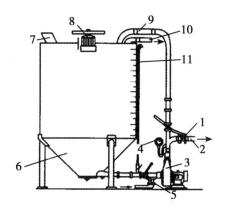

图 6 - 10　饲料调制室

1 - 供料转换阀；2 - 分配管；3 - 输料泵；
4 - 压力表；5 - 供水转换阀；6 - 搅拌罐；
7 - 进料管；8 - 驱动搅拌器的电机；
9 - 内部循环管；10 - 回流管；11 - 计量尺

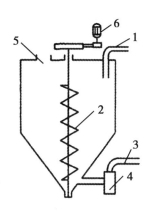

图 6 - 11　饲料调制室工作过程

1 - 返回管路；2 - 搅龙；3 - 输料管路；
4 - 泵；5 - 加料口；6 - 电机

2. 搅拌机

饲料调制室的搅拌罐内设有螺旋搅拌机，饲料搅拌机有分批式搅拌机和连续式搅拌机两种形式，目前前者应用最多。分批式搅拌机按其工作部件可分为螺旋桨叶式、垂直搅龙式和压缩空气式等。

当粉状饲料通过进料管进入搅拌罐后，将供水转换阀扳到向输料泵供水的位置，并将供料转换阀门扳向内部循环位置；开动输料泵和搅拌器，使水和饲料通过内部循环管在搅拌罐内不断循环并被搅拌均匀。如图 6 - 11 所示。

3. 输料泵

输料泵的作用是借助泵对饲料产生的压力，通过管路进行输送。常用的输料泵一般用污水泵或泥浆泵。它适合于输送含水量大于 75% 的稀饲料（料水比 1 : 3）。输送距离可达 1 100m。当稀饲料成分中的青绿饲料增加时，会影响泵的效率，易使泵的吸料管堵塞。为此应增加泵的吸料口与调制室稀料流出口之间的垂直距离或在吸料管内增设螺旋输送器，以提高泵对流动性差的物料的输送能力。

4. 输送管道

输送管道的主要管路采用回流式、非回流式和综合式 3 种布置方式，可满足对饲料流动的不同要求，通过手动阀门、自动阀门和气动阀门的开启与关闭进行饲料输送的控制。

稀饲料自动饲喂系统的管道布置应尽量减少弯曲，最小弯曲半径≥输料管径的4倍，要避免高落差、急弯，以免因稀饲料的沉淀而造成管道、弯头及阀门堵塞。放料支管末端不应垂直于食槽底部，以免放料时出现喷溅。

主管道的直径应根据饲料的品种、成分、饲喂猪的数量及生产率（稀饲料流量）而定，以管内饲料流速不超过3m/s为宜，常用管径为50～100mm，输送距离一般在300m以下。放料支管直径为38～45mm。管道可采用钢管或无毒塑料管等。稀饲料自动饲喂系统不仅可以输送用干饲料调制的稀饲料，也可以输送打碎后的青饲料、块根饲料（如青苜蓿、红薯、土豆和胡萝卜等）。

（三）喂料车

喂料车种类很多，按动力可分为人力推车、内燃机车、电动车、绳索牵引车；按其行走方式分为吊道车、地面轨道车、胶轮自行车等。

1. 移动式喂料车

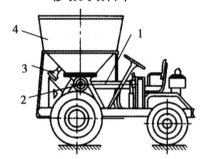

图 6 - 12　移动式喂料车组成
1 - 传动部分；2 - 排料搅龙；
3 - 振动部分；4 - 料箱

移动式喂料车主要由动力部分、传动部分、排料搅龙、振动部分和料箱组成，如图 6 - 12 所示。移动式喂料车在中小型猪场中被广泛应用，与固定式喂饲设备相比，它具有机动性好、可在任意地点装料和卸料、可以一机多用、投资少、适应于各种形态的饲料分送工作及通用性较广等优点，缺点是它要求舍内通道较宽，因而降低了猪舍面积的利用率，机械化程度低，不易提高劳动生产率，也不易实现自动化。在寒冷地区喂料车出入猪舍不利于保温，内燃机料车进入猪舍还会污染空气。喂料车可用于限量喂饲和非限量喂饲。

2. 轨道式喂料车

这种形式的喂料车是在场内和猪舍内铺设有轻型铁轨，料车在场内是靠牵引机车拖动，在猪舍内又靠电动机牵引行走，将料箱中的饲料经排料搅龙输送到猪饲槽内供猪只采食。

（四）饲槽

饲槽的种类很多，按其喂饲方式不同可分为限量饲槽和非限量饲槽（即自动食箱），按其形状不同可分为长形饲槽和圆形饲槽，按其组合形式可分为单喂饲槽和群喂饲槽。对饲槽的要求是：饲料浪费少，保证饲料清洁，不易被猪弄脏，便于加料、清洗和猪采食，结构简单、坚固耐用。

1. 限量饲槽

该饲槽用于限量喂饲，常和计量箱配合使用。便于猪的采食和防止饲料损失。

饲槽的高度一定要合适，应与猪的前腿等高。高度过低猪的前蹄易踏入饲槽，过高猪不便于采食，单面饲槽的后面应比前面高5～10cm，以减少饲料的浪费。饲槽底部应光滑，其形状可是圆弧形或抛物线形。每头猪采食时所需的饲槽长度大约等于猪肩部的宽度，长度过小在喂饲时会造成争食拥挤现象，长度过大易造成饲料浪费，有的猪还可能踏入槽内。

（1）繁殖母猪用饲槽（图6-13） 其中，分娩母猪用饲槽的内宽 B、后高 H_1 和前高 H_2 分别为 350～400mm、360～400mm 和 220～240mm；妊娠和空怀母猪用饲槽的尺寸分别为 300～400mm、320～360mm、180～220mm。

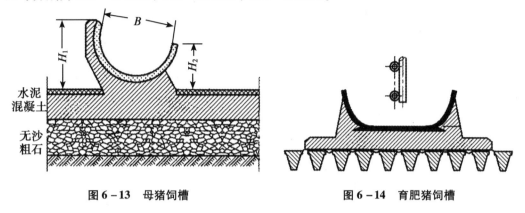

图6-13 母猪饲槽　　　　　　　　图6-14 育肥猪饲槽

（2）育肥猪用饲槽 育肥猪饲槽一般为两面用饲槽，两侧均可供猪采食（图6-14）。

（3）限量饲槽的栏杆 限量饲槽一般设置在喂饲通道的一侧或两侧，其上部应设有栏杆，以防猪跳入饲槽内采食。

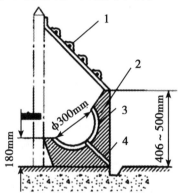

图6-15 全遮蔽栏杆
1-横向栏杆；2-饲槽体；
3-水泥管；4-排水孔

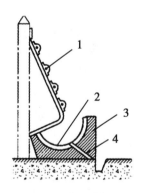

图6-16 半遮蔽栏杆
1-横向栏杆；2-水泥管；
3-饲槽体；4-排水孔

①全遮蔽栏杆（图6-15）。栏杆前倾45°以便于向槽内加料；②半遮蔽栏杆（图6-16）。栏杆将饲槽挡住一半。内侧供猪采食，外侧便于加料和清洗，这种栏杆便于加料车加料，加料时不会出现饲料落到猪的头部而造成损失的现象，但饲槽宽度应略大些；③转向栏杆（图6-17）。栏杆可绕固定轴回转，当清洗饲槽或往饲槽加料时将栏杆转向猪栏方向以便于作业，喂饲时栏杆转向外侧猪便可采食，栏杆的转向可手工操作，也可用液压或气动控制。

2. 自动饲槽

自动饲槽用于非限量喂饲，因此也称非限量饲槽。在饲槽的上部设一料箱，用来储存一定量的饲料。猪采食时，料箱内的饲料靠重力不断地流入槽内。料箱内的饲料一般为 5～7 天的给饲量，猪可以在全天内自由地采食，因此减少了喂饲操作时间和工作量，提高劳动生产率，同时也便于实现机械化、自动化饲喂。

自动饲槽可用于猪的哺乳期、保育期、生长期和育肥期的饲养，因此可设置在分娩母猪栏、保育栏、生长栏和育肥栏，它只适应于喂干饲料。

自动食箱有许多优点：①自动限制落料，吃多少落多少，饲料不会被拨出，节约饲料，干净卫生；②有间隔环限位，自由采食，猪只不争斗，不打架，有利于生长发育；③自动食箱便于和输料管道、分配器连接，实现自动送料，节约劳力，便于管理。节约占地面积，管理也较方便。

自动饲槽有长方形和圆形两种形式。通常用钢板、不锈钢板或聚乙烯塑料制造，也可用水泥预制板拼装而成。

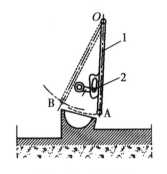

图 6-17 转向栏杆
1-横向栏杆；2-水泥管；
3-饲槽体；4-排水孔

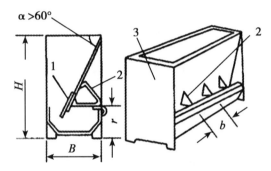

图 6-18 长方形自动饲槽
1-可调节活门；2-采食间壁；
3-饲槽箱体

（1）长方形自动饲槽（图 6-18） 按采食面划分，长方形自动食槽分为单面和双面两种，前者供一个猪栏的猪使用，后者供两个猪栏共同使用。长方形单面自动饲槽的料箱侧壁倾角 α 大于 $60°$，并与底板形成出料活门，活门也可以做成可调的，以控制饲料流出量。采食间壁用圆钢焊成，可防止猪采食时将饲料向两侧拱出。饲槽的前边向里卷窝，既能加强饲槽的强度又能防止饲料的浪费。饲槽的每个采食位置可供 3～5 头猪采食。长方形自动食槽的主要技术参数为：高度 $H = 700～900mm$；前缘高度 $y = 120$ ～$180mm$；最大宽度为 $500～700mm$；保育猪、生长猪和育肥猪的采食间隔宽度分别为 $150mm$、$200mm$ 和 $250mm$。

（2）圆形自动饲槽（图 6-19） 圆形自动食槽主要由饲料盘、储料筒、调节装置及间隔环等组成。储料筒中的饲料靠重力从料筒底缘和饲料盘底之间的出料间隙中流落入饲料盘中供猪食用。储料筒可上下移动和转动，以便控制和促进饲料下落。转动调整手柄可使储料筒上下移动，从而改变出料间隙，使下落入饲料盘中的饲料量改变。圆形自动食槽的圆筒一般用不锈钢制造，而底板则用铸铁或钢筋水泥制造。

三、猪舍的通风方式和通风设备的种类及组成

（一）猪舍的通风方式

通风方式有自然通风和机械通风两种形式（图6-20）。

1. 自然通风

自然通风又称为重力通风或管道通风。自然通风是借助舍内外的温度差产生的"热压"或者"风压"（自然风力产生），使舍内外的空气通过开启的门、窗和天窗，专门建造的通风管道以及建筑结构的孔隙等进行流动的一种通风方式。

自然通风由通风管道、风帽和

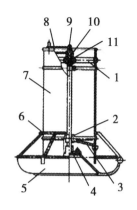

图6-19　圆形自动饲槽

1-上支撑杆；2-滑动套；3-下支撑杆；
4-支杆底座；5-饲料盘；6-间隔环；
7-储料筒；8-调整手柄；9-锁紧螺母；
10-调节杆；11-调整套

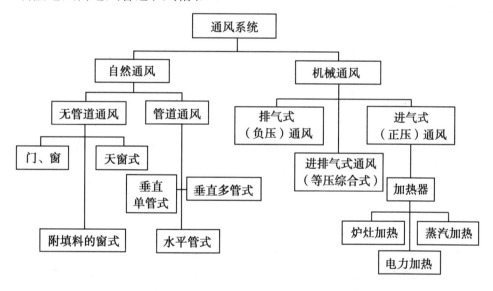

图6-20　猪舍通风方式

空气进口和调节通风量的调节活门等组成。通风管道有正方形或圆形断面2种，正方形的每边宽度应不小于600mm。圆形的直径不小于500mm。空气进口有通孔及缝孔两种形式。通孔式空气进口设在窗间的墙上，在外面有挡风护罩，在里面有调节活门，如图6-21所示。活门的作用：一方面将进来的冷空气引向上方，使之和舍内温热空气混合，并且进行预热，因而避免猪只直接接触冷空气而患病；另一方面可以调节进入的空气量。每个通孔式进气口面积不大于400cm²。

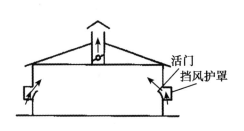

图 6-21　通孔式空气进气口形式

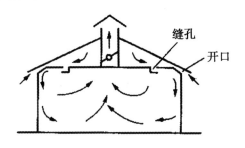

图 6-22　缝孔式空气进气口形式

缝孔式空气进口由设在天棚和纵墙接合处的开口和天棚上的缝孔空气进口组成，如图 6-22 所示。在建造猪舍时，应预先留出开口，通常开口间距为 2~4m，开口尺寸一般为 40cm×20cm。新鲜空气由开口或天窗进入天棚上面的空间，稍加预热，再通过缝孔进口进入舍内，在猪舍四周形成一比较干燥温暖的空气层。

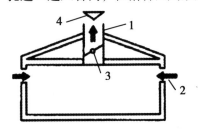

图 6-23　自然通风原理

1-排气管道；2-进气口；

3-调节挡板；4-风帽

自然通风有风压通风和热压通风 2 种方式。风压通风是当舍内迎风面气压大于舍内气压形成正压，气流通过开口流进舍内，而舍背风面气压小于舍内气压形成负压，则舍内气流从背风面流出，周而复始形成风压通风。热压通风是当舍外进入或舍内地面空气被加热，其密度小于舍外空气，因而变轻上升，从畜舍上部的开口流出，新鲜空气经进气口进入舍内以补充废气的排出。大多数情况下，自然通风是在"热压"和"风压"同时作用下进行，如图 6-23 所示。其优点是不消耗动力，尤其是对于跨度较小（不超过 12m）的养殖舍，很容易满足通风要求，而且比较经济；缺点是除通风能力相对较小和通风效果易受外界自然条件影响外，还因需设置较大面积的通风窗口，冬季舍内的热量损失较大，夏季无风时流通效果较差。常用于开放式或半封闭式养殖舍。

2. 机械通风

机械通风又称强制通风，是依靠风机产生的风压强制空气流动，使舍内外空气交换的技术措施。特点是通风能力强，通风效果稳定；可以根据需要配用合适的风机型号、数量和通风量，调节控制方便；可对进入舍内空气进行加温、降温、除尘等处理，实现养殖环境智能控制通风。缺点是风机在运行中会产生噪声，对猪的生长产生影响，需要增加投资。该设备适用于设施农业中密闭式或者较大的有窗式棚舍。机械通风又可分为负压通风、正压通风、联合通风和全气候式通风 4 种方式。

（1）负压通风　是用设置在排气口的排风机抽出畜禽舍内的污浊空气，造成舍内负压，形成舍内外的大气压力差，促使屋檐下长条形缝隙式进气口不断从外界吸入新鲜空气进入舍内。其特点是易于实现大风量的通风，换气效率高。依靠适当布置风机和进风口的位置，容易实现舍内气流的均匀布置。如果有降温要求时，很容易和湿帘组成降温设备。此外，负压通风还具有设备简单、施工维护方便，投资费用较低等优点。因此，负压通风在畜禽舍中的应用最为广泛，当畜禽舍跨度在 12m 以下时，排风机可设在单侧墙上；跨度在 12m 以上时设在两侧墙上。其缺点是舍内在负压通风时，难以进行卫生隔离；冬季进入的冷风也有害畜禽健康；由于舍内外压差不大，也难以对入舍的空气进行净化、加热或者降温处理。

负压通风根据风机的安装位置与气流方向，分为上部排风、下部排风、横向通风、纵向通风四种方式。

（2）正压通风　是通过吸引风机的运动，将畜禽舍外新鲜空气通过舍内上方管道口或孔口强制吸入舍内，使舍内压力增高，舍内污浊空气在此压力下通过出风口或者风管自然排走的换气方式。如有缝隙地板，此排气口一般都在地板以下的侧面。畜禽舍跨度为 9m 以下时只需一根进气管道；当跨度为 9～18m 时需两根管道。

其优点：可对进入畜禽舍的空气进行加热、冷却或者过滤净化等预处理，从而可有效地保证畜禽舍内的适宜温、湿状态和清洁的空气环境，尤其适合养殖小型畜禽使用，如鸡舍、兔舍等。另外正压通风在寒冷、炎热地区都可以使用。缺点：由于风机出口朝向舍内，不易实现大风量的通风，设备比较复杂，造价高，管理费用也大。同时舍内气流不易均匀分布，容易产生气流死角，降低换气效率。为了使舍内正压通风均匀，往往在风机出风口处设置风管（塑料、铁皮、帆布等），室外的新鲜空气通过风管上分布的小孔直接送到畜禽附近。极大改善了畜禽的空气环境。正压通风分为顶部送风和风管送风两种方式。

（3）联合式通风　同时采用机械送风和机械排气的通风方式。常见的有管道进气式和天花板进气式两种。管道进气式通风设备包括进气百叶窗、进气风机、管道和排气风机等。空气由进气风机通过管道进入室内，由管道上的许多小孔分布于畜禽舍，污浊空气由排风机排出（图 6-24a）。冬季空气在进入管道之前可以进行加热。天花板进气式的通风是由山墙上的进气风机将空气压入天棚上方，然后由均布于天花板上的进气孔进入舍内，污浊空气由排气风机抽走（图 6-24b）。这种方式进气可以进行预先加热或降温。

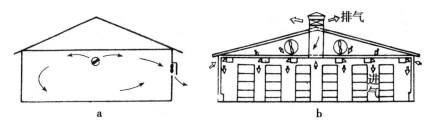

图 6-24　联合式通风示意图

a-管道进气式示意图；b-天花板进气式示意图

（4）全气候式通风　是由联合式通风和负压式通风组合而成，通过有机的结合，能适合不同季节的需要。它由百叶窗式进气口、管道风机、管道、排风机组成（图 6-25），并和供热降温设备相配合。整个设备可调节至某一设定温度，进行智能化控制。

（二）通风设备的种类及组成

机械通风设备常用的有电风扇、轴流式风机和离心式通风机。

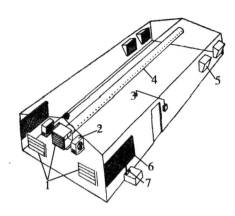

图6-25 全气候通风示意图

1-百叶窗；2-加热器；3-温度传感器；4-管道；5-排风机；6-湿帘；7-水泵

1. 电风扇

电风扇是用电动机的转子带动风叶旋转来推动空气流通。有吊挂式和壁窗式。

2. 轴流式风机

该风机所吸入空气和送出空气的流向和风机叶片轴的方向平行，故称之为轴流式风机。

（1）组成 它由轮毂、叶片、轴、外壳、集风器、流线体、整流器、扩散器、电机及机座等部件组成（图6-26），叶片直接装在电动机的转动轴上。

（2）特点 轴流风机的特点是风压小风量大（通风阻力小，通常在50Pa以下，产生的风压较小，在500Pa以下，一般

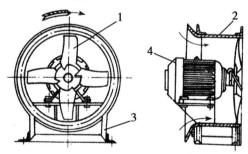

图6-26 轴流式风机

1-叶片；2-外壳；3-机座；4-电动机

比离心风机低，而输送的风量却比离心式风机大）；工作在低静压下、噪声较低，耗能少、效率较高；易安装和维护；风机叶轮可以逆转，当旋转方向改变时，输送气流的方向也随之改变，但风压、风量的大小不变。风机之间进气气流分布也较均匀，与风机配套的百叶窗，可以进行机械传动开闭，既能送风，也能排气，特别适合设施农业室、舍的通风换气。

轴流风机的流量和静压大小与叶片倾斜角度和叶轮转速有关。在实际应用中，一般采用改变转速的方法或采用多台风机投入运行来改变畜禽舍的通风量。

（3）安装 ①各组风机应单独安装、独立控制。一般一个风机安装一套控制装置和保护装置，这样，便于定期维修保养，清洁除尘，加注润滑油，也便于调节舍内的局部通风量。安装风管时，接头处一定要严密，以防漏气，影响通风效果。②风机的安装位置。轴流式风机一般直接安装在屋顶上或畜禽舍墙壁上的进、排气口中。负压式通风有屋顶排风式（风机安装在屋顶上的排气口中，两侧纵墙上设进气口）、两侧排风式（风机安装在两侧纵墙上的排气口中，舍外新鲜空气从墙上的进气口经风管均匀地进入

舍内)和穿堂风式(风机安装在一侧纵墙上的排气口中,舍外新鲜空气从另一侧纵墙上的进气口进入舍内,形成穿堂风)3 种。若使风机反转,排气口成为进气口,进气口成为排气口,就是正压式通风。

3. 离心式风机

离心式风机由蜗牛形机壳、叶轮、机轴、吸气口、排气口、轴承、底座等部件组成(图 6 - 27)。离心式风机的各部件中,叶轮是最关键性的部件,特别是叶轮上叶片的形式很多,可分为闪向式、径向式和后向式三种。机壳一般呈螺旋形,它的作用是吸进从叶轮中甩出的空气,并通过气流断面的渐扩作用,将空气的动压力转化为静压力。

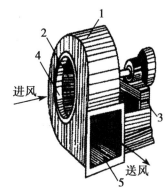

进风

送风

图 6 - 27 离心式风机
1 - 蜗牛形外壳;2 - 工作轮;
3 - 机座;4 - 进风口;5 - 出风口

离心式通风机所产生的压力一般小于 15 000 Pa。压力小于 1 000 Pa 的称为低压风机,一般用于空气调节设备。压力小于 3 000 Pa 的称为中压风机,一般用于通风除尘设备。压力大于 3 000 Pa 的称为高压风机,一般用于气力输送设备。离心式风机不具有逆转性、压力较强,在畜禽舍通风换气中,主要在集中输送热风和冷风时使用。另外还用于需要对空气进行处理的正压通风设备和联合式通风设备。

操作技能

一、操作饮水设备进行作业

1. 饮水设备技术状态检查合格后打开阀门。
2. 清洁饮水器。
3. 观察猪只饮水情况。如发现饮水器不出水,应及时查明原因,检修阀杆、橡胶垫、不锈钢弹簧等零件,排除故障。若饮水器体破损,应换新件。
4. 发现管道有泄漏或饮水器不出水立即关闭阀门,并排除。
5. 饮水结束或不用水时,关闭阀门。
6. 每天饮水结束,清洗饮水器后用食用油进行擦拭保养一次。

二、操作干饲料喂料设备进行作业

1. 机具技术状态检查合格后启动动力,先将送料车或猪舍外料塔的饲料送入料箱。
2. 根据猪的品种、日(月)龄、用途调整限量装置或出料间隙。
3. 启动驱动装置,进行送料。
4. 部分机型打开手动阀门或活门,饲料即排入饲槽并开始喂料。
5. 观察输送装置送料情况,发现问题,即时停机,查明原因,排除故障。
6. 观察防止饲料架空,发现架空及时排除。
7. 输送料结束时,要关闭总电源。

三、操作稀饲料喂料设备进行作业

1. 机具技术状态检查合格后启动动力。

2. 先向饲料调制室加水（冬季加 20～30℃温水），每批的加水量为调制室容积的70%～80%。

3. 打开料箱下面的配料螺旋进行配料，同时开动搅拌机搅拌饲料。

4. 调节搅拌机组控制板，控制饲料和水的混合比为 1：3 左右。

5. 搅拌均匀后再启动输料泵。由输料泵把调制室内稀饲料泵入主输料管道。

6. 手动喂料装置的待回料口有饲料流出时，关闭回料阀门并打开各手动阀门，饲料即排入饲槽并开始喂料。

7. 自动喂料装置的各气动阀按程序自动开启，使稀饲料按顺序定量流入各食槽中，其放入量由饲料调节板控制。

8. 饲喂结束后，向泵内供水清洗管道。将残存于管路中的饲料回收到调制室内，以备下次喂饲，同时对管道进行清洗。并关闭总电源。

四、操作移动式喂料车进行作业

1. 机具技术状态检查合格后启动动力。

2. 将喂料车先开到饲料加工间，将混合好的饲料装入料箱。

3. 然后将喂料车开进猪舍。

4. 启动搅龙输送装置，喂料车由猪舍一端向另一端行驶，此时料箱中的饲料经输送装置输送到猪舍的饲槽中，供猪群采食。

5. 喂料车行驶到终端后，再倒退回起点供料。

6. 一栋猪舍供料结束，然后再到饲料加工间装料，给另一栋猪舍供料。

7. 供料结束，应清洁料箱，合上防护罩壳，防止落入灰尘等。

8. 维护保养喂料车。

五、操作猪舍通风设备进行作业

1. 检查通风设备技术状态在符合要求后开启电动机。

2. 启动前先关闭风机风门，以减少启动时间和避免启动电流过大。

3. 待风机转速达到额定值时，将风门逐步开启投入正常运行；在使用过程中经常观察风机的电压和电流是否与额定值相符。

4. 带有调速旋钮的风机在启动时，应缓慢顺序旋转，不应旋停在挡间位置。

5. 作业中观察电机温升是否过高、线路是否出现烫手和异常焦味以及设备转速变慢或震动剧烈等故障，如有应立即停机，切断电源检修。

6. 达到通风时间后关闭通风设备控制开关。

7. 作业注意事项：

（1）猪舍通风一般要求风机有较大的通风量和较小的压力，宜采用轴流风机。

（2）多台风机同时使用时，应逐台单独启动，待运转正常后再启动另一台，严禁几台风机同时启动，因为风机启动电流为正常运转电流的 3～6 倍。

（3）开启通风设备控制开关、操作各项功能开关、按键、旋钮时，动作不能过猛、过快，也不能同时按两个按键。操作电控装置时应小心谨慎，避免电击伤害人身安全。

（4）猪舍夏季机械通风的风速不应超过 2m/s，否则过高风速，会因气流与猪体表间的摩擦而使猪感到不舒服。

（5）冬季通风需在维持适中的舍内温度下进行，且要求气流稳定、均匀，不形成"贼风"。

（6）采取吸出式通风作业时，其风机出口要避免直接朝向易损建筑物和人行通道。

（7）设备自动停机时，先查清原因，待故障排除后再重新启动。

（8）不允许在运转中对风机及配电设备进行带电检修，以防发生人身事故。

（9）风管一般要高出舍脊 0.5m 以上或离进气口最远的地方，也可考虑设置在粪便通道附近，以便排出污浊空气。做好冬季防冻措施。

第七章　设施养猪装备故障诊断与排除

相关知识

一、设施养猪装备故障诊断与排除基本知识

故障是指机器的技术性能指标（如发动机的功率、燃油消耗率，漏油等）恶化并偏离允许范围的事件。

1. 故障的表现形态

发生故障时，都有一定的规律性，常出现以下 8 种现象。

（1）声音异常　声音异常是机械故障的主要表现形态。其表现为在正常工作过程中发出超过规定的响声，如敲缸、超速运转的呼啸声、零件碰击声、换挡打齿声、排气管放炮等。

（2）性能异常　性能异常是较常见的故障现象。表现为不能完成正常作业或作业质量不符合要求。如启动困难、动力不足、行走慢等。

（3）温度异常　过热通常表现在发动机、变速箱、轴承等运转机件上，严重时会造成恶性事故。

（4）消耗异常　主要表现为燃油、机油、冷却水的异常消耗、油底壳油面反常升高等。

（5）排烟异常　如发动机燃烧不正常，就会出现排气冒白烟、黑烟、蓝烟现象。排气烟色不正常是诊断发动机故障的重要依据。

（6）渗漏　机器的燃油、机油、冷却水等的泄漏，易导致过热、烧损、转向或制动失灵等。

（7）异味　机器使用过程中，出现异常气味，如橡胶或绝缘材料的烧焦味、油气味等。

（8）外观异常　机器停放在平坦场地上时表现出横向的歪斜，称之为外观异常，易导致方向不稳、行驶跑偏、重心偏移等。

2. 故障形成的原因

产生故障的原因多种多样，主要有以下 4 种。

（1）设计、制造缺陷　由于机器结构复杂，使用条件恶劣，各总成、组合件、零部件的工作情况差异很大，部分生产厂家的产品设计和制造工艺存在薄弱环节，在使用中容易出现故障。

（2）配件质量问题　随着农业机械化事业的不断发展，机器配件生产厂家也越来越多。由于各个生产厂家的设备条件、技术水平、经营管理各不相同，配件质量也就参差不齐。在分析、检查故障原因时应考虑这方面的因素。

（3）使用不当　使用不当所导致的故障占有相当的比重。如未按规定使用清洁燃油、使用中不注意保持正常温度等，均能导致机器的早期损坏和故障。

（4）维护保养不当　机器经过一段时间的使用，各零部件都会出现一定程度的磨损、变形和松动。如果我们能按照机器使用说明书的要求，及时对机器进行维护保养，就能最大限度地减少故障，延长机器使用寿命。

3. 分析故障的原则

故障分析的原则是：搞清现象，掌握症状；结合构造，联系原理；由表及里，由简到繁；按系分段，检查分析。

故障的征象是故障分析的依据。一种故障可能表现出多种征象，而一种征象有可能是几种故障的反映。同一种故障由于其恶化程度不同，其征象表现也不尽相同。因此，在分析故障时，必须准确掌握故障征象。全面了解故障发生前的使用、修理、技术维护情况和发生故障全过程的表现，再结合构造、工作原理，分析故障产生的原因。然后按照先易后难、先简后繁、由表及里、按系分段的方法依次排查，逐渐缩小范围，找出故障部位。在分析排查故障的过程中，要避免盲目拆卸，否则不仅不利于故障的排除，反而会破坏不应拆卸部位的原有配合关系，加速磨损，产生新的故障。

同时注意以下几点：①检诊故障要勤于思考，采取扩散思维和集中思维的方法，注意一种倾向掩盖另一种倾向，经过周密分析后再动手拆卸。②应根据各机件的作用、原理、构造、特点以及它们之间相互关系按系分段，循序渐进的进行。③积累经验要靠生产实践，只有在长期的生产中反复实践，逐渐体会，不断总结，掌握规律，才能在分析故障时做到心中有数，准确果断。

4. 分析故障的方法

在未确定故障发生部位之前，切勿盲目拆卸。应采取以下方法进行故障检查分析。

（1）听诊法　就是通过听取机器异响的部位与声音的不同，迅速判定故障部位。

（2）观察法　就是通过观察排气烟色、机油油面高度、机油压力、冷却水温等方面的异常状况，分析故障原因。

（3）对比法　就是通过互换两个相同部件的位置或工作条件来判明故障部位。

（4）隔离法　就是暂时隔离或停止某零部件的作用，然后观察故障现象有无变化，以判断故障原因。

（5）换件法　就是用完好的零部件换下疑似故障零部件，然后观察故障现象是否消除，以确定故障的真实原因。

（6）仪器检测法　就是用各种诊断仪器设备测定有关技术参数，根据检测得到的技术数据诊断故障原因。

二、自动饮水器的工作过程

（一）杯式饮水器的工作过程

1. 9SZB-330 型杯式饮水器

猪饮水时，用嘴拱动压板，使阀杆偏斜，阀杆上的密封圈偏离阀体上的出水孔，水则流出至杯盆中，供猪饮用。当猪离开后，阀杆靠水压和弹簧复位，水便停止流出。

2. 重力密封杯式饮水器

阀座外圆有螺纹，安装在水管的端部。阀杆插入阀座，其上有密封圈。阀杆靠水管中的水压以及自身重量而紧贴阀座，管中的水不能从阀座的孔中流出。当猪饮水触动压板，使阀杆倾斜，水则沿阀杆与阀座间的缝隙从孔中流入杯盆，供猪只饮用。

（二）乳头饮水器的工作过程

猪饮水时，用嘴触动阀杆，阀杆向上移动并顶起钢球，水则通过钢球与阀体之间、阀杆与阀体之间的间隙流出，供猪只饮用。为避免杂质进入饮水器中，造成钢球、阀杆与阀体密封不严，在饮水器阀体根部设有塑料滤网，保证饮水器工作可靠。同时在乳头式饮水器外加一接水盆，猪可以喝水盆里的水，没水时触动乳头喝水，减少水的浪费。

（三）9SZY 型鸭嘴式饮水器的工作过程

猪饮水时，将鸭嘴式饮水器含入嘴内，挤压阀杆使之倾斜，阀杆端部的密封胶垫偏离阀体的出水孔，水则经滤网从出水孔流出，沿鸭嘴流人猪的口腔。猪不咬动阀杆时弹簧使阀杆恢复正常位置，密封垫又将出水孔堵死停止供水。

三、饲喂设备的工作过程

（一）干饲料喂料设备的工作过程

1. 搅龙式干饲料喂料机的工作过程

喂料机在工作开始时，首先开动电动机，搅龙首先向靠近料仓的第一个不限量饲槽加料。当该饲槽加满后，饲料进一步把饲槽上方的垂直管道也加满。此后搅龙推动饲料加入第二个饲槽，依此类推，饲槽相继加满。在最后一个饲槽内，装有最高及最低料位开关。当最后饲槽加满料时，最高料位开关起作用，将加料搅龙电动机关掉。各饲槽的下面都装有最低料位开关。随着猪只采食，料位下降，当料位降至低料位时，低料位开关起作用，使电机启动，带动搅龙又一次重新将各饲槽加满。当最后一个饲槽加满料后，最高料位开关起作用，再次把电动机关掉。

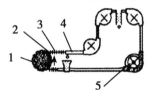

图 7 - 1 索盘式干饲料喂料机工作过程
1 - 驱动装置；2 - 索盘索；
3 - 索盘；4 - 输送管；5 - 转角轮

2. 索盘式干饲料喂料机的工作过程

该机喂料时，先启动输送机，将猪舍外料塔的饲料送入舍内料箱。然后启动舍内喂饲机，由驱动机构带动索盘索上的索盘在管道内作环行运动，靠索盘索上的索盘将料箱底部出料口的饲料通过管道送入落料管，流入自动饲槽内或干饲料计量器（限量饲喂）中。待第一个饲槽装满后，再给下一个饲槽加料，直至最后一个加满。当饲料充满最后一个自动食槽或干饲料计量器时，其上的微动开关起作用，使供料停止。多余的饲料被带回料箱。如图 7 - 1 所示。

索盘移动时，拨动摆动锤，使之敲击贮料塔的振动板，防止饲料架空。当索盘索被拉断或因遇较大阻力而被拉长时，张紧轮上的压缩弹簧伸长，触碰行程开关而切断电源。

3. 螺旋弹簧式干饲料喂料机的工作过程

工作时，电机通过驱动装置的中心轴带动螺旋弹簧在输料管内旋转，在输料管内的整个输送长度上弹簧的每一对应点上产生轴向力和离心力，在轴向力的作用下饲料产生轴向位移，从而将料箱底部的饲料由出料口输送出来，并沿管道被输送入猪舍中，由落料活门控制使其落在规定的饲槽内。离心力将饲料甩向输料管管壁上，使弹簧和管壁之间充填饲料，避免了弹簧直接磨损输料管。

采用自由采食饲喂方式的猪舍，在最后一个自动食槽上装有高、低两个红外线料位控制器。从始端开始，弹簧螺旋饲料输送机依次将每一个食槽加满料，当最后一个自动食槽加满后，上面的料位控制器使电机停止。随着猪的吃料，当饲料落至下料位时，低料位计产生信号使中间继电器闭合，从而使接触器闭合，启动电机带动弹簧螺旋输料机转动，开始为各个食槽加料，当加料至高料位时，高料位计产生信号使中间继电器断开，从而使接触器断开，电机停止转动，输料停止。

4. 刮板式干饲料喂料机的工作过程

该机在工作开始后，B 侧刮板组右行（此时右侧管道的排料活门关闭）将饲料箱内所来的饲料带向右侧，当接近右侧终点时，固定在刮板组前端的触头触及活门挡板，并通过挡板将右侧活门拉开，同时将左侧活门关闭。当活门挡板行至行程终点时，拨动行程开关，使电动机反转，刮板组左行，右侧管道内的饲料由已经打开的右侧排料口排给右侧各猪栏。由于此时左侧排料口关闭，刮板组向左侧管道充料，当右侧刮板接近左侧终点时与其对称的 A 侧刮板接近其右侧终点，再由 A 侧的活门挡板碰 A 侧的行程开关，再次使电动机反转，于是电动机每正反转一次，完成一次给料工作。给料量的多少可由刮板组的往复次数控制，也可由料仓排料的速度控制，或者另加计量设备控制。

5. 干饲料计量分配器的组成和工作过程

常用的干饲料计量分配器为容积计量式，主要由带计量刻度的料筒、上活门、回位弹簧、浮球和下活门组成（图 7 - 2）。

平时下活门处于关闭状态。当料箱中无料时，上活门在浮球重力作用下打开，输料管中的饲料落入料箱，当饲料落到设定容积饲料托住浮球时，浮球重力失去作用，上活门在回位弹簧的作用下关闭，该料箱停止进料，输料管向下一个料箱供料，直至最后一个料箱。当最后一个料箱加满料后，其上的控制器关闭电机，整个输料过程结束。饲喂时有饲养员拉动全舍干饲料计量分配器下活门的拉绳，定量的饲料就落到食槽中。饲料落完后下活门关闭，控制器启动电机进行下一次加料。

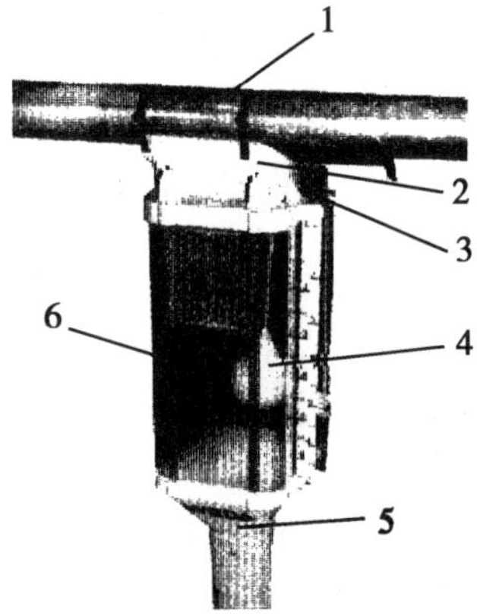

图 7 - 2　干饲料计量分配器
1 - 输料管；2 - 回位弹簧；
3 - 上活门；4 - 浮球；
5 - 下活门；6 - 料箱

（二）稀饲料喂料设备的工作过程

作业时，先向饲料调制室加容积的 70% ~ 80% 的水；然后打开配料螺旋进行配料，同时开动搅拌机搅拌饲料。饲料和水的混合比由搅拌机组控制板来调节，一般为 1∶3 左右。经搅拌机搅拌均匀后再由输料泵把池内稀饲料泵入主输料管道，各气动阀按程序自动开启，使稀饲料按顺序定量流入各食槽中，其放入量由饲料调节板控制。主输料管末端又通回调制室，构成一个循环回路。或待回料口有饲料流出时，关闭回料阀门并打开各手动阀门，饲料即排入饲槽并开始喂料。当调制室内液面下降到一定程度后，又自动进入一份干饲料和冷（热）水，再搅拌出一份稀饲料。

（三）喂料车工作过程

1. 移动式喂料车

移动式喂料车喂料作业时，料车先开到饲料加工间，将混合好的饲料装入料箱，然后将料车开进猪舍，拉动搅龙，料车由猪舍一端向另一端行驶，此时料箱中的饲料经传动机构，撒在猪舍地面供猪群采食。料车行驶到终端后，再倒退回起点，供料结束，然后再到饲料加工间装料，给另一栋猪舍道料。

2. 轨道式喂料车

轨道式喂料车作业时，喂料车在轨道上运行，与此同时排料搅龙转动不间断地向饲槽排送饲料，当喂料车运行到终点时，料车上的触杆碰到控制开关，使开关断开，料车停止运行，当电机反转后料车又反向行走，此时排料搅龙停止转动，不向饲槽分散饲料，料车返回起点，又触动停止开关，实现自动停车，完成一次喂送饲料。这类轨道式喂料车一般多用在较大的机械化养猪场。

四、轴流式风机的工作过程

当风机叶轮被电动机带动旋转时，机翼型叶片在空气中快速扫过。其翼面冲击叶片间的气体质点，使之获得能量并以一定的速度从叶道沿轴向流出。与此同时，翼背牵动背面的空气，从而使叶轮入口处形成负压并将外界气体吸入叶轮。这样，当叶轮不断旋转时就形成了平行于电机转轴的输送气流。

五、离心式风机的工作过程

空气从进气口进入风机，当电动机带动风机的叶轮转动时，叶轮在旋转时产生离心力将空气从叶轮中甩出，从叶轮中甩出后的空气汇集在机壳中，由于速度慢，压力高，空气便从通风机出口排出流入管道。当叶轮中的空气被排出后，就形成了负压，吸气口外面的空气在大气压作用下又被压入叶轮中。因此，叶轮不断旋转，空气也就在通风机的作用下，在管道中不断流动。这种风机运转时，空气流靠叶轮转动所形成的离心力驱动，故空气进入风机时和叶片轴平行，离开风机时变成垂直方向。这个特点使其自然地可适应管道90°的转弯。

操 作 技 能

一、饮水设备常见故障诊断与排除（表7-1）

表7-1 饮水设备常见故障诊断与排除

故障名称	故障现象	故障原因	排除方法
无水	不来水	1. 水压太低 2. 阀门未打开 3. 水管或饮水器堵塞 4. 饮水器损坏 5. 过滤器堵塞	1. 提高水压 2. 打开阀门 3. 清除堵塞，增加过滤 4. 更换饮水器 5. 清洁过滤器

续表

故障名称	故障现象	故障原因	排除方法
漏水	管路漏水	1. 密封件坏了 2. 管路老化 3. 接头部松动或老化 4. 开关或阀芯磨损 5. 冬天冻裂 6. 阀门或开关未拧紧 7. 阀芯等密封件有杂物堵塞	1. 更换密封件 2. 更换管路 3. 加强接头部密封或更换按连接件 4. 修复或更换 5. 更换冻裂管，加强防冻措施 6. 拧紧阀门或开关 7. 清除堵塞物

二、干饲料喂料设备常见故障诊断与排除（表7-2）

表7-2　干饲料喂料设备常见故障诊断与排除

故障名称	故障现象	故障原因	排除方法
不送饲料	出料口无饲料输出	1. 料箱无饲料 2. 料箱饲料架空 3. 输送装置磨损严重或损坏 4. 进料口堵塞 5. 电机坏了	1. 料箱添加饲料 2. 振动等措施排除架空 3. 修复或更换 4. 排除堵塞 5. 修复电机
饲料抛洒	输送途中有饲料洒出	1. 管道接合部松动 2. 管道接合部密封不良化 3. 管道接合部或管道损坏 4. 活门等闸阀损坏	1. 拧紧管道连接螺栓 2. 更换密封件 3. 更换管道损坏部件 4. 修复或更换活门等闸阀
	食槽下料太多，溢出槽外	1. 出料调节板间隙太大 2. 计量分配器失灵	1. 调小出料调节板间隙 2. 校准或修复计量分配器

三、稀饲料喂料设备常见故障诊断与排除（表7-3）

表7-3　稀饲料喂料设备常见故障诊断与排除

故障名称	故障现象	故障原因	排除方法
不送饲料	出料口无饲料输出	1. 输送装置磨损严重或损坏 2. 电机坏了	1. 修复或更换 2. 修复电机
饲料漏洒	输送途中有饲料漏出	1. 管道接合部松动 2. 管道接合部密封不良化 3. 管道损坏 4. 活门等闸阀损坏	1. 拧紧管道连接螺栓 2. 更换密封件 3. 更换管道损坏部件 4. 修复或更换活门等闸阀
	下料太多，溢出槽外	出料调节板间隙太大	调小出料调节板间隙

续表

故障名称	故障现象	故障原因	排除方法
电机不转	合上开关后，电路不通	1. 保险丝烧坏 2. 线路破坏断相 3. 插座松动，接触不良	1. 更换保险丝 2. 接好线并用绝缘胶布缠好 3. 修复插座接线座或更换新的插座
	电动机不工作	1. 电容损坏 2. 线路破坏断相 3. 电动机损坏	1. 更换电容 2. 接好线并用绝缘胶布缠好 3. 修复或更换新的电动机

四、移动式喂料车常见故障诊断与排除（表7－4）

表7-4　移动式喂料车常见故障诊断与排除

故障名称	故障现象	故障原因	排除方法
离合器打滑	功率不足，起步迟缓，离合器温度升高	1. 离合器踏板自由行程过小 2. 离合器分离系统故障 3. 压紧机构故障 4. 摩擦片破损、磨损、油污	1. 检查调整踏板自由行程 2. 检查离合器踏板是否卡滞、回位是否有力，3 只离合器分离杠杆高度是否符合要求，修复 3. 检查离合器盖与飞轮的紧固螺钉，如松动则紧固，压紧弹簧如失效则更换，清洗压盘油污 4. 检查摩擦片、飞轮端面有无油污，摩擦片是否变薄、变形
离合器分离不彻底	踏板踩到底，动力不能完全切断；挂挡困难	1. 离合器自由间隙过大 2. 离合器分离系统故障 3. 摩擦片翘曲 4. 发动机固定不牢或曲轴轴向间隙过大	1. 检查调整离合器踏板自由行程 2. 检查调整 3 个分离杠杆高度和分离杠杆支架、支架销 3. 分别挂前进挡和倒挡试验，若感觉沉重且有变化，则故障为从动盘翘曲、铆钉松动或摩擦片破裂 4. 若感觉时好时差，可能是发动机固定不牢或曲轴轴向间隙过大

故障名称	故障现象	故障原因	排除方法
制动不良	制动效果差，制动距离过长	1. 总泵进油孔堵塞、出油阀损坏，系统内有空气 2. 制动踏板自由行程过大 3. 制动器间隙过大、摩擦片严重磨损或接触不良 4. 制动泵卡阀 5. 制动液缺少，管路内有空气 6. 制动管路系统有泄漏	1. 排放制动油管内的空气，若制动仍不良则检查制动总泵 2. 检查调整制动踏板自由行程 3. 调整摩擦片与制动鼓的间隙，清洗或更换摩擦片 4. 清洗制动泵 5. 添加制动液，排除管路内空气 6. 排除泄漏点
大灯不亮	大灯不亮	1. 蓄电池无电或灯泡损坏 2. 保险丝熔断 3. 开关接触不良 4. 照明线路断路、接触不良或线路损坏 5. 线路短路	1. 用火花法检查蓄电池是否有电，灯泡是否损坏 2. 检查或更换保险丝 3. 用短路法（短路开关两接线柱）加以判断 4. 检查排除照明线路和接头连接故障，线路损坏更换 5. 修复后再开前大灯，保险丝又熔断，说明保险丝后的线路搭铁，用试灯法找出搭铁位置并排除
喇叭不响	喇叭不响	1. 蓄电池无电 2. 保险丝熔断 3. 喇叭线路断路、搭铁不良或接头接触不良 4. 喇叭开关损坏、继电器触点烧蚀等 5. 喇叭或线圈损坏	1. 检查蓄电池是否有电 2. 检查保险丝是否熔断 3. 检查喇叭线路和接头 4. 检查喇叭开关、继电器触点、线圈、气隙、弹簧等零部件 5. 用万用表检查喇叭线圈或更换喇叭

五、轴流式风机常见故障诊断与排除（表7-5）

表7-5 轴流式风机常见故障诊断与排除

故障名称	故障现象	故障原因	排除方法
风压、风量不足	风机转速符合，但风压、风量不足	1. 风机旋转方向相反 2. 系统漏风 3. 系统阻力过大或局部堵塞 4. 风机轴与叶轮松动	1. 改变风机旋转方向，即改变电机电源接法 2. 堵塞漏风处 3. 核算阻力、消除杂物 4. 检修和紧固拉紧皮带

续表

故障名称	故障现象	故障原因	排除方法
震动过大	风机震动过大	1. 系统阻力大 2. 风机叶片变形、损坏或不平衡 3. 风机轴与电机轴不同心 4. 安装不稳固，地脚螺栓松动 5. 轴承装置不良或损坏 6. 风机叶轮有沉积污物过多且不均匀而不平衡	1. 检查、校正 2. 检查、校正或更换 3. 检查、校正 4. 紧固地脚螺栓 5. 校正轴承装置或更换 6. 清洗风机叶轮
异响	运转时风机噪声异常	1. 调节阀松动 2. 无防震装置 3. 地脚螺栓松动 4. 风机叶片与集风器摩擦 5. 机壳变形 6. 轴承缺油或损坏 7. 扇叶轴不水平	1. 安装好调节阀 2. 增加防震装置 3. 紧固地脚螺栓 4. 停机检查校正叶片、调整间隙叶片与集风器 5. 调整校正机壳形状 6. 轴承加油润滑或更换损坏的轴承 7. 调整轴承座下垫片数量
轴承及电机发热	风机轴承及电机发热	1. 轴承缺少润滑油、轴承损坏、轴承安装不平 2. 风量过大、风机积灰 3. 电机受潮	1. 加注润滑油、更换轴承和用水平仪校正 2. 调节阀门减少进风量或清除积灰 3. 烘烤电机
风量减小	风机使用日久而风量减小	1. 风机叶轮或外壳损坏 2. 风机叶轮表面积灰、风道内有积灰、污垢	1. 更换部件 2. 清洗叶轮、清除风道内污垢
百叶窗开启角度不到位	百叶窗开启角度不够	1. 皮带过松 2. 百叶窗窗叶上积尘过多 3. 进风口面积过小	1. 调整皮带松紧度 2. 清除百叶窗叶上积尘 3. 增大进风口面积，保证进风口面积为鸡禽舍排风口面积的2倍以上。
通电后电机不转动	通电后电机不转动，无异响，也无异味和冒烟.	1. 电源未通（至少两相未通） 2. 熔丝熔断（至少两相熔断） 3. 过流继电器调得太小 4. 控制设备接线错误	1. 检查电源回路开关，熔丝、接线盒处是否有断点，予以修复 2. 检查熔丝型号、熔断原因，换新熔丝 3. 调节继电器设定值与电机配合 4. 改正接线
	通电后电机不转，有嗡嗡声	1. 定、转子绕组有断相或电源一相失电 2. 电源电压过低	1. 立即切断电源，查明断点予以修复 2. 测量电源电压，设法改善
皮带打滑	皮带跳动或滑下	1. 皮带磨损 2. 皮带被拉长松弛 3. 两皮带轮不在同一平面内轮槽错位	1. 更换皮带 2. 更换皮带 3. 调整皮带轮

第八章　设施养猪装备技术维护

相关知识

一、技术维护的意义

新的或大修的机械，其互相配合的零件，虽经过精细加工，但表面仍不很光滑，如直接投入负荷作业，就会使零件造成严重磨损，降低机器的使用寿命。机械投入生产作业后，由于零件的磨损、变形、腐蚀、断裂、松动等原因，会使零件的配合关系逐渐破坏，相互位置逐渐改变，彼此间工作协调性恶化，使各部分工作不能很好地配合，甚至完全丧失功能。

技术维护是指机械在使用前和使用过程中，定时地对机器各部分进行清洁、清洗、检查、调整、紧固、堵漏、添加以及更换某些易损零件等一整套技术措施和操作，使机器始终保持良好技术状况的预防性技术措施，以延长机件的磨损，减少故障，提高工效，降低成本，保证机械常年优质、高效、低耗、安全地进行生产。

设施养猪装备的技术维护是计划预防维护制的重要组成部分，必须坚持"防重于治，养重于修"的原则，认真做好技术维护工作是防止机器过度磨损、避免故障与事故，保证机器经常处于良好技术状态的重要手段。经验证明，保养好的机械，其三率（完好率、出勤率、时间利用率）高，维修费用低，使用寿命长；保养差的则出现漏油、漏水、漏气，故障多，耗油多，维修费用高，生产率低，误农时，机器效益差，安全性差。可见，正确执行保养制度是运用好农业机械的基础。

二、技术维护的内容和要求

机械技术维护的内容主要包括：机器的试运转、日常技术保养及定期技术保养和妥善的保管等。

（一）机器试运转

试运转又称磨合。试运转的目的是通过一定的时间，在不同转速下和负荷下的运转，使新的或大修过的机械相对运动的零件表面进行磨合，并进一步对各部分检查，排除可能产生故障和事故的因素，为今后的正常作业，保证其使用寿命，打下良好的基础。

各种机械有各自的试运转规程。同类产品试运转各阶段时间的长短，各生产厂家的规定也彼此相差颇大。但就试运转的步骤而言，大致是相同的，如拖拉机一般分为四个阶段进行，即：发动机空运转、带机组试运转、行走空载试运转和带负荷试运转。具体见各机械的使用说明书。试运转结束后，应对机械进行一次全面技术保养，更换润滑油，清洗或更换滤清器等。

（二）日常保养

日常保养又称班次保养，是在每班工作开始前或结束后进行的保养。尽管各种机械由于结构、材料和制造工艺上的差异，保养规程各不相同，但其保养的内容大致相同。一般包括清洁、检查、调整、紧固、润滑、添加油料和更换易损件等。

1. 清洁

（1）清扫机器内外和传感器上黏附的尘土、颖壳及其他附着物等。

（2）清理各传动皮带和传动链条等处的泥块、秸秆。

（3）清洁风机滤网、温帘、发动机冷却水箱散热器、液压油散热器、空气滤清器等处的灰尘、草屑等污物。

（4）按规定定期清洗柴油、机油、液压油的滤清器和滤芯；定期清洗或清扫空气滤清器（注意：部分有的空气滤清器只能清扫不能清洗）。

（5）定期放出油箱、滤清器内的水和机械杂质等沉淀物。

2. 检查、紧固和调整

机械在工作过程中，由于震动及各种力的作用，原先已紧固、调整好的部位会发生松动和失调；还有不少零件由于磨损、变形等原因，导致配合间隙变大或传动带（链）变形，传动失效。因此，检查、紧固和调整是机械日常维护的重要内容。其主要内容如下。

（1）检查各紧固螺钉有无松动情况，特别是检查各传动轴的轴承座、过桥轴输出皮带轮、传动轴皮带轮等处固定螺钉。

（2）检查动、定刀片的磨损情况，有无松动和损坏；检查动刀片与定刀片的间隙。

（3）检查各传动带、传动链的张紧度，必要时进行调整。

（4）检查密封等处的密封状态，是否有渗漏现象。

（5）检查制动系统、转向系统功能是否可靠，自由行程是否符合规定。

（6）检查控制室中各仪表、操纵机构、保护装置是否灵敏可靠。

（7）检查电气线路的连接和绝缘情况，有无损坏和接触。

3. 加添与润滑

（1）及时加添油料。加添油料最重要的是油的品种和牌号应符合说明书的要求，如柴油应沉淀48h以上，不含机械杂质和水分。

（2）及时检查加添冷却水。加添冷却水，最重要的是加添干净的软水（或纯净水），不要加脏污的硬水（钙盐、镁盐含量较多的水）等。

（3）定期检查蓄电池电解液，不足时及时补充。

（4）按规定给机械的各运动部位，如输送链条、各铰链连接点、轴承、各黄油嘴、发动机、传动箱、液压油箱和减速器箱等加添润滑油（剂）。

加添润滑剂最重要的是要做到"四定"，即"定质"、"定量"、"定时"、"定点"。"定质"就是要保证润滑剂的质量，润滑剂应选用规定的油品和牌号，保证润滑剂的清洁。"定量"就是按规定的量给各油箱、润滑点加油，不能多，也不能少。"定时"就是按规定的加油间隔期，给各润滑部位加油。"定点"就是要明确机械的润滑部位。

4. 更换

在机械中，有些零件属于易损件，必须按规定检查和更换，如"三滤"的滤芯、传动链、传动胶带、动、定刀片和密封件等。

（三）定期保养

定期保养是在机器工作了规定的时间后进行的保养。定期保养除了要完成班次保养的全部内容外，还要根据零件磨损规律，按各机械的使用说明书的要求增加部分保养项目。定期保养一般以"三滤"（空气滤清器、柴油滤清器、机油滤清器）、电动机、风机等的清洁、重要部位的检查调整，易损零部件的拆装更换为主。

三、机器入库保管

（一）入库保管的原则

1. 清洁原则

清洁机具表面的灰尘、草屑和泥土等黏附物、油污等沉积物、茎秆等缠绕物，清除锈蚀，涂防锈漆等。

2. 松弛原则

机器传动带、链条、液压油缸等受力部件要全部放松。

3. 润滑密封原则

各转动、运动、移动的部位都应加油润滑，能密封的部件尽量涂油或包扎密封保存。

4. 安全原则

做好防冻、防火、防水、防盗、防丢失、防锈蚀、防风吹雨打日晒等措施。

（二）保管制度

1. 入库保管，必须统一停放，排列整齐，便于出入，不影响其他机具运行。

2. 入库前，必须清理干净，无泥、无杂物等。

3. 每个作业季节结束后，应对机器进行维护、检修、涂油，保持状态完好，冬季应放净冷却水。

4. 外出作业的机器，由操作人员自行保管。

（三）入库保管的要求

使用时间短，保管时间长的机器，且该机结构单薄，稍有变形或锈蚀便失灵不能正常作业，因此，保管中必须格外谨慎。

1. 停放场地与环境

机器的停放场地应在库棚内；如放在露天，必须盖上棚布，防止风蚀和雨淋，并使其不受阳光直射，以免机件（塑料）老化或锈蚀（金属部分）。

2. 防腐蚀

机器不能与农药、化肥、酸碱类等有腐蚀性物资存放一起，胶质轮不能沾染油污和受潮湿。

3. 防变形

为防止变形，机器要放在地势较高的平地且接地点匀称，绝对不得倾斜存放；机器上不能有任何杂物挤压，更不能堆放、牵绑其他物品，避免变形。

4. 塑料制品的保养

（1）塑料制品尽量不要把它放在阳光直射的地方，因为紫外线会加快塑料老化。

（2）避免暴热和暴冷，防止塑料热胀冷缩减短寿命。

（3）莫把塑料制品放在潮湿、空气不流通的地方。

（4）对于很久没有用过的塑料制品，要检查有没有裂痕。

5. 橡胶制品的保养

橡胶有一定的使用寿命，时间久了，就会老化。在保存方面，除了放置在日光照射不到，阴凉干燥处外，也要远离含强酸和强碱的东西。另外还有一个延长使用寿命的方法：在橡胶制品不使用的时候，可在其外表外涂抹一些滑石粉即可。

四、保险丝的组成及作用

保险丝一般由熔体部分、电极部分和支架部分三个部分组成。

保险丝的作用在电流异常升高到一定的高度的时候，自身熔断切断电流，从而起到保护电路安全运行的作用。因此，每个保险丝上皆有额定规格，当电流超过额定规格时保险丝将会熔断。更换时应与原额定规格相同，千万不要用铜丝或大于原额定规格的保险丝代用。

操作技能

一、饮水设备的技术维护

1. 检查饮水器是否安装牢固、供水功能是否合格。

2. 定期采用高压水冲洗消除饮水器沉淀污染、吸附污染和生物污染，保持饮水器的清洁卫生。

冲洗方法法是：在每根饮水管连接减压水箱的地方安装一个三通，一个开口接饮水管；两个开口各接一个闸阀开关。一个闸阀开关与减压水箱连接（饮水用），另一个闸阀开关与冲洗水管连接（冲洗用）；冲洗时打开冲洗闸阀，关闭饮水闸阀；饮水时关闭冲水闸阀，打开饮水闸阀，这种冲洗法简便易行。

3. 定期检查饮水器的工作性能是否良好，调节和紧固螺栓，发现故障及时更换零件。

4. 每天饮水结束，对饮水器进行清洗，并用食用油进行擦拭保养一次，使其保持良好工作状况。

二、干饲料喂料设备的技术维护

1. 清洁喂料设备。
2. 饲喂前和结束后，清洁食槽及剩余饲料。
3. 定期保养电动机，并对轴承孔加注润滑油。
4. 定期检查维护保养驱动装置和输送料装置，保持性能良好。
5. 检查调整出料口间隙，使其符合技术要求。
6. 定期检查维护保养管道，保持密封性能良好。
7. 检查紧固连接螺栓，无松动。
8. 检查校正或修复干饲料计量分配器。

三、稀饲料喂料设备的技术维护

1. 参照干饲料喂料设备的技术维护。

2. 检查维修饲料调制室及搅拌机等。

四、移动式喂料车的技术维护

1. 清洁喂料车。

2. 对发动机进行维护保养。如检查添加冷却水、机油、燃油，检查调整气门间隙等。

3. 定期对底盘进行维护保养。特别是检查调整离合器踏板自由行程、离合器爪分离间隙、制动间隙和轮胎气压等。

4. 定期对电器和液压系统进行维护保养。

5. 参照喂料设备定期维护输送饲料装置。

五、通风设备的技术维护

1. 日常维护保养

（1）每日检查轴承温度，如温度过高应检查并消除温升原因。

（2）每日检查紧固件、连接件，不得有松动现象。

（3）风机噪声应稳定在规定范围内，如遇噪声忽然增加，应立即停止使用，检查消除。

（4）风机振动应在规定范围内，如遇振动加剧，应立即停车，检查消除。

（5）传动皮带有无磨损、过松、过紧，如有及时更新或调整。

（6）轴承体与底座应紧密结合，严禁松动。

（7）用电流表监视电机负荷，不允许长时间在超负荷状态下运行。

（8）检查电机轴与风机轴的平行度，不许带轮歪斜和摆动。

（9）检查风机进气或排气口铁丝网护罩完好，以防人员受伤和鸟雀接近。

（10）检查通风机进气口设置的可调节的挡风门（或防倒风帘）完好。在风机停止时，风门自动关闭，以防止风吹进舍内。

（11）如果采用单侧排风，应检查两侧相邻猪舍的排风口是否设在相对的一侧，以避免一个猪舍排出的浊气被另一个猪舍立即吸入。

（12）使用中要避免风机通风短路，必要时用导流板引导流向。切不可在轴流风机运行时，打开门窗，使气流形成短路，这样既空耗电能，又无助于舍内换气。

2. 定期维护保养

（1）清除通风设备表面的油污或积灰，不能用汽油或强碱液擦拭，以免损伤表面油漆部件的功能。

（2）查看电控装置，进行除尘，检查是否有断开线路。

（3）检查电源电压、电线管路固定和接线良好、控制和保护装置的灵敏可靠等。

（4）清洁、检查电机，电机轴承是含铜轴承，必要时向注油孔中注入适量机油。

（5）因猪舍内腐蚀条件严重，应选用具有较高抗腐蚀性能的材料。定期检查维护管道的密封性能。

3. 风机停用后的保养

（1）清理、检查风机轴承体各零部件、除污、除尘。如有损坏，需更新。

（2）清洁检查通风管道和调节阀。如有漏气，必须补焊、堵漏。

（3）检查主轴是否弯曲，按要求校直或更新。

（4）检查叶轮。如磨损严重，引起不平衡，应重新进行动静平衡，或更换新叶轮。

（5）检查皮带轮有无损坏。如有，需更换。

（6）检查维护电气设备，使其保持完好技术状态。

（7）对运动件、摩擦件、旋转件应加油润滑、调整间隙；对金属件要做好防锈处理。

（8）试运转正常后，做设备完好标志，进入备用状态保管。

（9）季后长期不用，应对机内外清洗保养，脱漆部分补刷同色防锈漆后，用塑料布遮盖好以备后用。

六、V带的拆装和张紧度检查

1. 拆装

拆装 V 带时，应将张紧轮固定螺栓松开，不得硬将 V 带撬上或扒下。拆装时，可用起子将带拨出或拨入大胶带轮槽中，然后转动大皮带轮将 V 带逐步盘下或盘上。装好的胶带不应陷没到槽底或凸出在轮槽外。

2. 安装技术要求

安装皮带轮时，在同一传动回路中带轮轮槽对称中心应在同一平面内，允许的安装位置度偏差应不大于中心距的 0.3%。一般短中心距时允许偏差 2 ~ 3mm，中心距长的允许偏差 3 ~ 4mm。多根 V 带安装时，新旧 V 带不能混合使用，必要时，尺寸符合要求的旧 V 带可以互相配用。

3. V 带张紧度的检查

V 带的正常张紧度是以 4kg 左右的力量加到皮带轮间的胶带上，用胶带产生的挠度检查 V 带张紧度。检查挠度值的一般原则是：中心距较短且传递动力较大的 V 带以 8 ~ 12mm 为宜；中心距较长且传递动力比较平稳的 V 带以 12 ~ 20mm 为宜；中心距较长但传递动力比较轻的 V 带以 20 ~ 30mm 为宜。如下图所示。

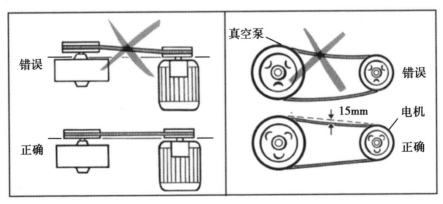

图　V 带松紧度调整示意图

第三部分　设施养猪装备操作工——中级技能

第九章　设施养猪装备作业准备

相关知识

一、湿帘风机降温设备作业准备

1. 操作者淋浴消毒。
2. 检查猪舍内外环境和对象等。
3. 检查风机技术状态。
4. 检查湿帘技术状态。
5. 检查湿帘供水系统技术状态。

二、喷雾降温设备作业准备

1. 操作者淋浴消毒。
2. 检查水源水压和高压管道技术状态。
3. 检查高压水泵、高压喷头、恒温器和定时器、电磁开关等的技术状态。

三、热风炉作业准备

1. 清除炉膛内杂物。清洁舍内传感器和炉进、出风口。
2. 检查风机技术状态和炉体连接牢固性。
3. 检查管路、闸阀和散热器等各连接处密封良好。
4. 检查电源电路、接地线和连接牢固。
5. 检查开关和仪表灵敏度和可靠性。
6. 检查水泵技术状态。
7. 准备大小 30～50mm 的无烟块煤。

四、光照控制设备作业准备

1. 清洁设备。
2. 检查电源线路的技术状态。
3. 准备备用灯具。
4. 检查校准时钟显示器。

五、拖拉机悬挂铲式清粪机作业准备

1. 检查悬挂铲的技术状态。

2. 检查拖拉机的技术状态。

3. 检查悬挂铲和拖拉机连接牢固性。

4. 给拖拉机加注的燃油、机油和冷却水等。

六、往复式刮板清粪机作业准备

1. 检查操作人员应穿上防护用品。

2. 检查机电共性技术状态。

3. 检查电控制柜的接地保护线及漏电、触电保护器（空气开关）等保护设施。

4. 检查电源电压和线路连接状况。

5. 检查行程开关的灵敏性和可靠性。

6. 检查所有传动部件组装状况。

7. 检查所有螺栓和紧固件的状况。

8. 检查所有需要润滑部件的润滑状况。

9. 检查电动机、减速机等各部件的动力运动状况。

10. 检查转角轮与牵引绳运转状况。

11. 检查清除粪道的障碍物。

12. 冬季检查清除粪道内的结冰现象。

七、高压清洗机作业准备

1. 检查电源线路的技术状态。

2. 检查供水管路的技术状态。

3. 检查高压清洗机的技术状态。

4. 检查加热装置的技术状态。

八、设施养殖环境对猪的影响

设施养殖环境是指围绕猪生长发育和产品转化具有直接作用的主要环境因素。一般可分为物理环境和化学环境两方面。物理环境包括猪周围的温度、光照（光的强度、波长和照射时间）和热辐射、空气流动（包括风向和风速）、水的运动状态和噪声等，其中由空气温度、湿度、热辐射、空气与水的流动等因素所构成的环境称为热环境。热环境是自然界中在不同地区和不同季节变化最大、最易出现不利于设施养殖猪生长发育的因素。化学环境主要是指养殖猪周围空气、土壤和水中的化学物质成分组成，包括对养殖猪生长发育有害的 CO、H_2S、SO_2、NH_3 等成分，以及土壤或水中的各种化学物质组成的情况。

影响和决定猪的生长发育、产品产量和品质的各种因素可以概括为遗传和环境两个方面。遗传决定猪生长发育、产量高低和产品品质等方面的潜在能力，而环境则决定猪的遗传潜力能否实现或在多大程度上得以实现。再好的良种，如果没有适宜的环境条件，就不能充分发挥其遗传潜力。所以说，环境是影响猪生长发育，决定其产品产量和品质的重要因素。

九、猪舍的环境要求

猪舍的环境要求见表 9 – 1。

表 9 – 1　猪舍的环境要求

项目	指标
温度	育肥猪舍最佳温度为 15 ~ 25℃，下限温度为 10℃，上限温度为 29℃。分娩猪舍最佳温度为 18 ~ 22℃，上限和下限温度分别为 29℃ 和 15℃，并同时对仔猪活动区局部供热，局部供热温度为 29 ~ 32℃，分娩猪舍内如达到 29℃ 应采用母猪的局部降温。早期（3 周龄）断奶的仔猪舍温度应为 29℃ 左右。仔猪舍温度应为 22 ~ 26℃。配种猪舍温度应为 13 ~ 29℃
湿度	猪舍的相对湿度应为 50% ~ 80%
光照	光照对猪的增重和饲料转化率无影响
空气流的速度	猪舍空气流动速度不应超过 0.3m/s，成年猪舍在正常温度下空气流速也不应超过 0.4m/s，但在环境温度超过 27℃ 时，空气流速应提高到 0.5m/s
空气质量	猪舍内 CO_2 含量按容积率不超过 0.3%，NH_3 含量不超过 0.003%，H_2S 含量不超过 0.001%

　　猪舍是否采用机械通风，可依据猪场具体情况而定。对于猪舍面积小、跨度不大、门窗较多的猪场，为节约能源，可利用自然通风。如果猪舍空间大、跨度大、猪的密度高，特别是采用水冲粪或水泡粪的全漏缝或半漏缝地板养猪场，一定要采用机械强制通风。

操作技能

一、湿帘风机降温设备作业前技术状态检查

　　1. 检查操作者进入猪舍时是否淋浴消毒、更换工作服。

　　2. 检查猪舍内外环境和对象等是否有异常。

　　（1）检查猪表现是否正常。如猪舍中，当舍内一端的猪只表现与另一端的猪只表现明显不同时，可能是通风量不足，需要开启更多的风机。

　　（2）检查记录养殖舍内温度、舍外温度、空气质量，查验温度计上的温度和实际要求的温度是否吻合。

　　（3）检查养殖舍内前、中、后三点的温度差，利用机械式通风和进风口的调节使温度一致。

　　（4）风机使用前、使用中检查养殖舍的门、窗是否全部关闭。

　　3. 检查风机技术状态是否良好。

　　（1）检查风机进、出风口有无影响排风效果的障碍物、风机与墙体之间密封是否完好，如有空隙，用玻璃胶进行密封。风机附近严禁堆放杂物，尤其是轻便物品，以防风机吸入。

　　（2）清洁风机护网、风机壳体内壁、扇叶、百叶窗、电机、支撑架等部件上的黏

附物。

（3）检查风机护网有无破损等。

（4）检查风机扇叶是否变形，扇叶与支架固定螺栓是否牢固，用手转动扇叶，检查扇叶与集风器间隙是否均匀，扇叶与集风器是否会有刮蹭现象，扇叶轴是否水平。

（5）检查皮带松紧度和磨损情况。皮带过松或过紧应调节电机位置。大、小皮带轮前端面是否保持在同一平面内，误差不能超过1mm。

（6）不运行时检查百叶窗窗叶是否变形受损。风机关闭后窗叶之间有无间隙，运行时检查百叶窗窗叶上下摆动是否灵活、顺畅、有无噪声、开启角度是否到位（窗叶水平）、不同窗叶开启角度是否保持一致。

（7）检查轴承运转情况。缺油应加润滑脂，加脂量约为轴承内腔的2/3。

（8）检查电源电路、电机接线及接地线是否良好，风机外壳或电机外壳的接地必须可靠。

（9）打开电控柜，检查各种接线是否牢固，清除电器设备上的灰尘。

（10）电机固定是否牢固，电机电源线是否有损害（主要是鼠害造成）。

（11）风机首次使用，安装合格后，应进行点动试运转，检查风机扇叶转向与转向标牌指示是否一致，不一致则调换三相电机接线端子上的任两根线即可；检查电机运转声音是否异常，机壳有无过热现象，运行是否平稳、与集风器是否刮蹭；扇叶轴轴承有无异响等。

4.检查湿帘技术状态是否良好。

（1）检查供水水源是否符合要求。

（2）检查供水池水位是否保持在设置高度、浮球阀是否正常供水、池中水受污染程度、池底和池壁藻类滋生情况，能否保证循环用水。

（3）检查供水系统过滤器的性能和污物残存情况，确保其功能完好，如过滤器已破损，则更换过滤器。

（4）检查湿帘上方的管线出水口，确保水流均匀分布于整个湿帘表面。

（5）检查湿帘固定是否牢固；湿帘表面有无破损、有无树叶等杂物积存。

（6）检查湿帘纸之间有无空隙，如有空隙应修复。如果湿帘局部地方保持干燥，那么室外热空气不仅可以顺利进入舍内，而且还会抵消降温效果。

（7）检查湿帘内、外侧有无阻碍物。

（8）检查湿帘框架是否有变形，湿帘运行中接头处有无漏水现象和溢水现象。

（9）通电开启水泵，检查水泵是否正常。按照说明书进行开/关调节，检查供、回水管路有无渗漏和破损现象、湿帘纸垫干湿是否一致、有无水滴飞溅现象、水槽是否有漏水现象。

二、喷雾降温设备作业前技术状态检查

1.检查水源是否清洁，水压是否符合喷淋技术要求。

2.检查清洁过滤器等。

3.检查高压水泵和高压喷头的技术状态是否良好。

4.检查低压和高压输水管道的技术状态是否良好，不渗漏。

5. 检查恒温器和定时器的技术状态是否灵敏有效。

6. 检查卸压阀、电磁开关的技术状态是否良好。

三、热风炉作业前技术状态检查

1. 检查烟囱安装是否牢固可靠。烟尘在屋面出口位置密封情况，如有空隙应修理。

2. 检查炉膛内杂物是否清除干净，检查炉膛内有无烧损部位、炉条是否有脱落、损坏现象。如发现有损伤部位应停炉修复后再用。

3. 检查并用软布擦净热风炉出风口和舍内传感器，看其通电后显示是否正常。

4. 检查风机与炉体连接是否牢固，调风门开关是否灵活到位有效，出现调风门开关不到位或卡阻现象应及时处理。试运转检查风机转向是否正确、运转声音是否异常。

5. 检查出风管路各连接处密封情况是否良好，发现漏风要及时处理。

6. 检查养殖舍内引风管吊挂是否高度基本一致，清理积灰。

7. 检查电源电路及接地线是否正常。

8. 打开电控柜，检查各种接线是否牢固，清除电器设备上的灰尘。

9. 检查仪表上下限的设置。一般热风炉出口温度上限为70℃，下限为55℃。设定上限时，把仪表面板上的设定开关拨到上限设定位置，用十字改锥调整上限设定旋钮（右旋为增大，左旋为减小），调整至所需温度，再把设定开关拨到下限设定位置，调整下限温度。注意上限温度一定要高于下限温度，否则设备将不能正常工作。最后把设定开关拨到中间位置。

10. 检查风机和水泵的技术状态是否良好。

11. 检查风机轴承是否缺油，油不足加油润滑。

12. 检查进、出风口是否清洁。

13. 检查采暖管道、闸阀和散热设备等。

14. 检查压力表、温度计和水位计技术状态是否良好。

四、光照控制设备作业前技术状态检查

1. 检查灯罩、灯泡（管）上的灰尘是否清洁。因灯罩、灯泡脏会降低光照强度。

2. 检查光照控制设备电源线的接线情况、时钟的时间、定时的程序、光敏的灵敏度、电池的好坏、手动开关的好坏等情况，有的需调整，有的需更换，光敏探头的灰尘要擦掉。

3. 检查灯具，损坏灯具及时更换。

4. 检查光照控制设备时钟显示是否与当前时间一致，将时钟调到当前时间。

五、拖拉机悬挂铲式清粪机作业前技术状态检查

1. 检查悬挂铲技术状态是否完好，铲刀无缺口。

2. 检查悬挂铲与拖拉机连接是否牢固可靠。

3. 检查悬挂铲的升降装置是否灵敏可靠。

4. 检查拖拉机轮胎气压是否符合技术要求。

5. 检查发动机技术状态是否良好，燃油、机油和冷却水是否符合要求。

6. 检查底盘技术状态是否良好，离合器间隙、自由行程、制动间隙等是否符合技术要求。

7. 检查拖拉机电气和液压系统的技术状态是否良好。

六、往复式刮板清粪机作业前技术状态检查

1. 检查操作人员进入养殖区时是否更换工作服、工作帽、绝缘鞋等防护用品，并进行淋浴消毒。

2. 检查机电共性技术状态。

3. 检查电源是否有可靠的接地保护线及漏电、触电保护器（空气开关）等保护设施。

4. 检查电源、电控柜指示灯是否正常和线路连接是否良好，是否有破损。

5. 检查行程开关有无机械性损坏，工作是否灵敏可靠。

6. 检查所有传动部件是否组装正确，有无松动。

7. 检查驱动装置、钢丝绳、刮粪板等所有螺栓和紧固件是否锁紧牢固可靠。

8. 检查所有需要润滑部件是否加注润滑油。检查减速器的油位情况，从油镜中应能看到润滑油。

9. 检查电动机、减速机等转向是否正确，运转时各部件无异常响声，如有应立即停机检查。

10. 检查主动绳轮和被动绳轮绳轮槽是否对齐，牵引绳有无出槽重叠、绳轮槽内是否干净。检查转角轮是否保持水平位置，固定是否坚实稳固。检查牵引绳磨损程度、松紧程度、表面干净程度。点动检查牵引绳是否运转良好，无抖动现象。

11. 检查联轴器对中性是否良好，误差不得大于所用联轴器的许用补偿。

12. 检查传动皮带松紧度是否合适，过松或过紧应调节。

13. 检查粪道是否有障碍物。粪沟内水泥地面无破损、坑洼现象、局部粪便清不净现象。冬季检查粪道内是否有结冰现象。

14. 检查刮粪板下端有无缺损，是否刮净粪沟。

15. 点动检查刮粪板是否起落灵活，与粪沟地面、粪沟两侧有无卡碰现象，检查底部刮粪橡胶条磨损情况。

16. 检查刮粪板回程时离地间隙是否符合设备要求，一般为 80～120mm。

七、高压清洗机作业前技术状态检查

1. 检查操作者是否穿戴好筒绝缘雨靴、防护服、头盔、口罩、护目镜、橡皮手套等防护用品。

2. 检查操作者进入养殖区时是否淋浴消毒。

3. 检查器械，喷雾器、天平、量筒和容器等是否准备齐全。

4. 检查猪舍和舍内设备是否清洁。要求舍内地面、墙壁无猪粪、毛、蜘蛛网等其他杂物，设备干净、卫生、无死角。

5. 检查供水系统是否有水。

6. 检查舍内地面排水沟、排水口是否畅通。

7. 检查供电系统电压是否正常、线路是否绝缘、连接良好、开关灵敏有效。

8. 检查猪舍内其他电器设备的开关是否断开，防止漏电事故发生。

9. 检查清洁剂。是否已经批准可用于高压清洗机里的清洁剂，并仔细地读清洁剂上的标签以确定不会给动物或人带来可能的危险。不要使用漂白剂！

10. 检查高压清洗机作业前技术状态是否良好。

（1）检查高压管路无漏水现象、无打结和不必要的弯曲、管路无松弛、鼓起和磨损情况。

（2）检查高压水泵各连接件、紧固件是否安装正确、完好，无漏水现象，每分钟漏水超过3滴水，须修理或更换。

（3）检查高压水泵运动的声音是否正常，无漏油现象。

（4）检查油位指示器的油位是否位于两个指示标志之间。

（5）检查进水过滤器窗口，看是否有碎片堵塞。碎片会限制进泵水流导致机器工作效果变差，如果窗口变脏或堵住，应拆下来清洗并更换。

（6）选择喷嘴。低压喷嘴可以让设备吸入清洁剂，高压喷嘴可以用不同的喷射角度来喷射水。每一种喷嘴都有不同的扇形喷射角，范围为0°~40°。

（7）检查喷嘴部位无漏水、喷嘴孔无堵塞。如果堵塞，用喷嘴孔清洗工具清理堵塞物。使用前，用干净的水冲洗清洗机和软管内的碎片，确保喷嘴、软管畅通，使水流最大，同时排除设备内空气。

（8）检查加热装置技术状态是否完好。

第十章 设施养猪装备作业实施

相关知识

一、降温设备种类及组成

降温设备用于减轻夏季高温对猪生长的影响，夏季加大通风量时，由于室外空气的温度和含湿量都较室内低，所以进入的空气量增加，可更多的吸收显热（温度变化的热量）和潜热（水分蒸发所需的热量），从而提高降温作用。但通风量加大一定程度时，此降温作用就趋于稳定不变。所以气温更高时，需用专门的降温设备，常用的有湿帘风机降温设备、喷雾降温设备、喷淋降温设备和滴水降温等。

（一）湿帘风机降温设备

湿帘风机降温设备由水箱、水泵、水管、湿帘、风机、框架、循环水设备和控制装置组成。

1. 湿帘

湿帘是水蒸发的关键设备。制造湿帘的材料一般木刨花、棕丝、塑料、棉麻、纤维纸等，目前最常用的是波纹纸。波纹纸质湿帘是由经树脂处理并在原料中添加了特种化学成分的纤维纸粘结而成，呈蜂窝状，厚度一般为100～200mm。它具有耐腐蚀、通风阻力小、蒸发降温效率高、能承受较高的过流风速、便于维护等特点。此外，湿帘还能够净化进入猪舍内的空气。湿帘的组成见图10-1。

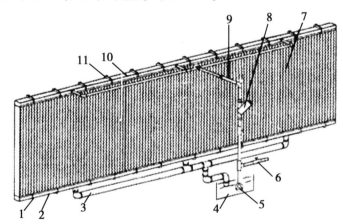

图10-1 湿帘的组成示意图

1-框架托板；2-下框架；3-回水管；4-水池；5-水泵；6-排水球阀；
7-湿帘；8-过滤器；9-供水主管；10-上框架；11-框架挂钩

湿帘的技术性能参数主要有降温效率和通风阻力。这两个参数的数值大小取决于湿帘厚度和过帘风速 y（通风量/湿帘面积）。湿帘越厚、过帘风速越低，降温效率越高；湿帘越薄、过帘风速越高，则通风阻力越小。为使湿帘具有较高的降温效率，同时减小通风阻力，过帘风速不宜过高，但也不能过低，否则使需要的湿帘面积增大，增加投资，一般取过帘风速 1～1.5m/s。一般当湿帘厚度为 100～150mm、过帘风速为 1～1.5m/s 时，降温效率为 70%～90%，通风阻力为 10～60Pa。湿帘的水流量应为每米帘宽度 4～5L/s，水箱容量为每平方米湿帘面积 20L。

据报道：当舍外气温为 28～38℃ 时，湿帘可使舍温降低 2～8℃。但舍外空气湿度对降温效果有明显影响，经试验，当空气湿度为 50%、60%、75% 时，采用湿帘可使舍分别降低 6.5℃、5℃和 2℃，因此，在干旱的内陆地区，湿帘通风降温系统的效果更为理想。

湿帘应安装在通风系统的进气口，以增加空气流速，提高蒸发降温效果。水箱设在靠近湿帘的舍外地面上，水箱由浮子装置保持固定水面。其安装位置、安装高度要适宜，应与风机统一布局，尽量减少通风死角，确保舍内通风均匀、温度一致。同时在湿帘进风一侧设置沙网（25 目左右），用来防尘和防止杂物吸附在湿帘上。湿帘进水口前设置过滤器，防喷淋口堵塞。

安装时，应将湿帘纸拼接处压紧压实，确保紧密连接，湿帘上端横向下水管道下水口应朝上安装，同时湿帘的上下水管道安装时要考虑日后的维护，最好为半开放式安装；并拉线对湿帘横向水管进行找平，保证整体保持水平状态，且湿帘的固定物不可紧贴湿帘纸，安装完毕后对整个水循环系统进行密闭处理。

2. 风机

湿帘风机多数采用大风量低压轴流风机。风机主要由扇叶、百叶窗、开窗机构、电机、皮带轮、集风器（进风罩）、内框架、机壳、安全护网等部件组成（图 10－2）。开机时由电机驱动扇叶旋转，并使开窗机构打开百叶窗排风。停机时百叶窗自动关闭，以防室外灰尘、异物等进入，亦可避免雨雪及倒风的影响。

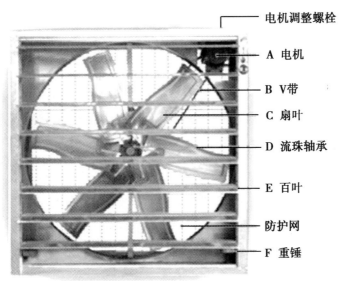

图 10－2 风机结构示意图

3. 湿帘风机设备运行模式

根据国内大部分养殖场所在地理位置、气候条件等因素，大多设置三种气候控制模式。

（1）夏季运行模式　夏季以防暑降温为目的，须保证夏季最大通风量。养殖对象附近的风速应在1.2~1.8m/s为宜，不宜超过2m/s。

（2）春、秋季运行模式　春、秋天的气候比较温和，主要以通风换气为主。这两个季节一般关闭湿帘水泵，依据设定温度，通过自动开启不同数量的风机进行通风换气。

（3）冬季运行模式　寒冷季节中，通风的目的是为猪提供新鲜空气并保持热量的同时排除舍内多余水分、尘埃和有害气体，以保证猪最小通风换气量为原则，猪附近的风速应小于0.3m/s。

4. 湿帘冷风机

图10-3　湿帘冷风机
a. 侧吹式；b. 下吹式

湿帘冷风机是湿帘与风机一体化的降温设备，由湿帘、轴流风机、水循环设备及机壳等部分组成。风机安装在湿帘围成的箱体出口处，水循环设备从上部喷淋湿润湿帘，并将湿帘下部流出的多余未蒸发的水汇集起来循环利用。风机运行时向外排风，使箱体内形成负压，外部空气在吸入的过程中通过湿帘被加湿降温，风机排出的降温后的空气由与之相连接的风管送入要降温的地方。湿帘冷风机的出风方向有上吹式、下吹式和侧吹式（图10-3）。

湿帘冷风机使用灵活，猪舍是否密闭均可采用，并且可以控制降温后冷风的输送方向和位置，尤其适合猪舍内局部降温的要求。湿帘冷风机的出风量在2 000~9 000m³/L。其降温效率、湿帘阻力等特性与湿帘-风机降温设备相似。不同的是湿帘冷风机采用的是正压通风的方式，其设备投资费用较大。

（二）喷雾降温设备

喷雾降温设备由过滤器、储水箱、高压水泵、高压管路、高压喷头、卸压阀、自动控制箱等组成（图10-4）。喷雾压力为250~500kPa，雾粒直径80~120μm。当舍温达32℃时开始喷雾，喷1~2min，停15~20min，不断循环。当舍温27℃时停止喷雾。如舍内相对湿度70%时，可降温2~5℃。广泛用于猪舍内喷雾降温、消毒防疫。其优点：一是应用范围广，不仅可以用于封闭式猪舍，也可用于开放式猪舍。二是在水源水箱中添加消毒药物后，可对猪舍进行消毒。缺点是蒸发降温效果要低于湿帘—风机降温设备。

一般每栋猪舍布置一套主机，主机的功率大小可根据猪舍面积来确定。单台机组可适用于200~4 000m²的范围。喷嘴喷出的雾长3~5m，宽1m。喷头的布置密度为封闭式猪舍1.5m/个；开放式猪舍1.0m/个。

喷雾降温设备的工作原理是将普通的水经过过滤设备处理后，利用高压水泵加压（压力可达250~500kPa），从特制的喷嘴喷出产生80~120μm的自然颗粒，雾化至整个空间。这些微小的人造颗粒能够长时间飘浮、悬浮在空气中，通过这种超细水滴形成的水雾吸收空气中热量，产生蒸发冷却的效应，可在3~5min内降温5~8℃，降温效果十分显著。

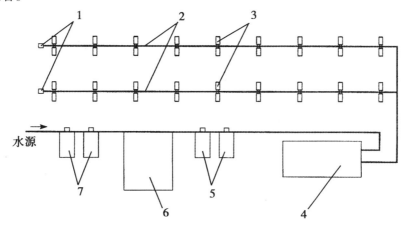

图 10 - 4　喷雾降温系统示意图

1 - 泄压阀；2 - 高压管路；3 - 高压喷头；4 - 高压水泵；5、7 - 过滤器；6 - 贮水箱

喷雾降温设备可根据需要设计安装自动控制温度、湿度和定时装置。当舍内温度上升时，温度传感器自动感应，自动控制装置开启水泵加压装置。开始自动喷雾，每喷1.5～2.5min 后间歇 10～20min 再继续喷雾。当舍温下降到设定的最低温度时则自动停止；或者可以根据一天 24h 来设定某一时刻开始喷雾，到某一时刻停止。

（三）喷淋降温设备

喷淋降温就是用降温喷头直接将水喷淋在猪身上，通过水的蒸发带走猪表皮的体热而为其降温。这种直接降温的方式特适合于牛、猪等个体较大的家畜。

喷淋降温设备由带浮子装置的水箱、水泵、管道、喷嘴、恒温器和定时器等组成（图 10 - 5）。如猪舍有自来水则可省去水箱和水泵。

该设备由电磁水阀控制，设定环境温度达到 30℃ 时，每隔 45～60min 开启 2min，水通过降温喷头喷出细水滴向家畜身体表面为其降温，喷淋在畜体上的水经过 1h 左右

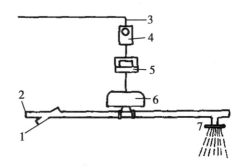

图 10 - 5　畜体淋水器

1 - 可卸去的过滤网；2 - 供水管；
3 - 电线；4 - 定时器；5 - 恒温器；
6 - 电磁开关；7 - 喷嘴

就能蒸发干，这时电磁水阀自动开启工作，继续喷淋。每个猪栏可安一个喷头，管子直径为 12.7mm，喷头离地高度为 2m，其优点是不需要较高的压力，一般压力在 100～250Pa 即可；成本较低，可以直接将降温喷头安装在自来水系统中。

喷淋降温设备安装使用要注意以下 2 点：避免在猪的躺卧区喷淋。避免过量喷淋，造成地面积水。

（四）滴水降温设备

滴水降温设备的组成与喷淋降温设备相似，只是将降温喷头换成滴水器。滴水降温设备主要是对单个动物进行降温。最常用的是在分娩猪舍中。由于刚出生的仔猪

不能淋水，母猪又需要降温。喷淋设备就不适用了。这时就可以采用滴水降温的方式。母猪在限位栏架中，其活动受到限制，用滴水器将水滴滴到母猪的肩颈部，水的蒸发使母猪得以散热降温，同时又不影响仔猪的生长。滴水器安装在母猪肩颈部上方 300mm 处。对于单栏饲养的妊娠母猪，采用滴水降温的方法，它既节水又不会使猪舍过于潮湿。

滴水降温设备采用的是间歇进行的方式。滴水的时间根据滴水器的流量调节，以使猪的肩颈部湿润又不使水滴到地上为宜。

二、加温供暖方式及其设备组成

对猪舍加温方式有集中供暖和局部供暖 2 种。其设备有集中加温供暖设备和局部加温供暖设备 2 大类。

（一）集中加温供暖设备

集中加温供暖就是由一个集中的加温供暖设备对整个猪舍进行全面供暖，使舍温达到适宜的温度。集中加温供暖根据热源不同，可分为热水式加温供暖和热风式加温供暖 2 种。

1. 热水式加温供暖设备

热水式加温供暖主要是将热水通过管道输送到舍内的散热器，也可在地面下铺设热水管道，利用热水将地面加热。其特点是节省能源，供热均匀，保持地面干燥，减少痢疾等疾病发生，利用地面高贮热能力，使温度保持较长的时间。但热水管地面加温的一次性投资比其他加温设备投资大 2~4 倍；地下管道损坏不易修复；加热所需的时间较长，对突然的温度变化调节能力差。常用于猪舍供热和加热地板局部供热等。热水供热系统按水在系统内循环的动力可分为自然循环和机械循环两类。

（1）自然循环热水加温供暖设备　该设备主要由热水锅炉、管道、散热器和膨胀水箱等组成。按管道与散热器连接形式，又可分为单管式、双管式。单管式设备各层散热是串联的，热水按顺序地沿各层散热器流动并冷却，它用管较省，流量一致，但各层散热器的平均温度不同。双管式设备的各层散热器并联在供水管和回水管之间，每个散热器自己构成一回路，这样各散热器平均温度相同，但流量容易不均，需用闸阀进行控制。

锅炉：锅炉主要由锅炉本体（汽锅、炉子、水位计、压力表和安全阀等）和锅炉辅机（风机、水泵等）组成。锅炉是一种利用燃料燃烧后释放的热能或工业生产中的余热传递给容器内的水，使水达到所需要的温度（热水）或一定压力蒸汽的热力设备。用锅炉将水加热，然后用水泵加压，热水通过供热管道供给在舍内均匀安装的与温室采暖热负荷相适应的散热器，热水通过散热器来加热舍内的空气，提高舍内的温度，冷却了的热水回到锅炉再加热后重复上一个循环。

热水加温系统的优点是养殖舍内温度稳定、均匀，运行可靠，经济性好。缺点是系统复杂，设备多，造价高，设备一次性投资较大。它是养殖舍内目前最常用的加温方式，一般都采用小型低压热水锅炉（$P \leqslant 2.5MPa$、$D < 20t/h$），燃料可选择燃油、燃气或煤，比较经济。

散热器：散热器是安装在供热地点的放热设备，它的功能是当热水从锅炉通过管道输入散热器中时，散热器即以对流和辐射的方式将热量传递给周围空气，以补充舍内的热损失，保持舍内要求的温度，以达到供热的目的。散热器常见的有光管型、圆翼型和柱型等。光管型散热器由钢管焊成，它制造简单，但散热面积小，相同效果的散热器消耗金属量大。圆翼型散热器由圆管外面圆形翼片制成，其散热面积比光管大 6 ~ 10 倍，所以能节省材料，为温室专用的散热器，具有使用寿命长、散热面积大的优点，应用比较广泛。柱型散热器由铸铁铸成带散热肋的柱状，其散热面积介于光管型和圆翼型之间，形状较美观，常用于民用建筑。

　　膨胀水箱：膨胀水箱用来容纳或补充系统中水的膨胀或漏失，稳定设备中的水压，排除设备中的空气等。对于低温热水加温设备，一般都采用与大气相通的开式膨胀水箱，它一般都设有膨胀管、补水管和溢水管。膨胀水管常为竖管，与设备相通。补水管与补水箱相连，补水箱由浮子阀控制水位。溢水管位于膨胀水箱的上部，当膨胀水管中的水过多时，水即通过溢流管排出。

　　（2）机械循环热水加温供暖设备　该设备在自然循环式设备的回水管路中加设水泵，使水在整个设备内强制性循环。它适用于管路长的大中型加温供暖设备。

2. 热风式加温供暖设备

　　热风式加温供暖是利用热空气（热风）通过管道直接输送到舍内。热风式加温供暖系统由热源、空气换热器、风机、管道和出风口等组成。工作时，空气通过热源被加热，再由风机通过管道送入舍内。常用于幼猪舍。它的优点是温度分布比较均匀，热惰性小，可与冬季通风相结合，避免了冬季冷风对猪的危害，在为舍内提供热量的同时，也提供了新鲜空气，降低了能源消耗，易于实现温度调节，设备投资少。缺点是：不适宜远距离输送，运行费用和耗电量要高于热水采暖系统。

　　按热源和换热设备的不同，热风式加温供暖设备可分热风炉式、蒸汽（或热水）加热式和电热式。在我国养殖业中广泛使用的是热风炉式加温设备。

　　（1）热风炉式加温供暖设备　该设备主要包括热风炉炉体、离心风机、电控柜、有孔风管四部分（图10-6）。根据对空气加热形式可分直接加热式和间接加热式，按燃料形式可分燃煤、燃油和燃气三种形式，按加煤方式分为手烧、机烧两种。其中，燃煤热风炉结构最简单，操作方便，一次性投资小，应用最广，但烟气的污染也最重，其他两种燃料的热风炉仅适用于燃料产地及有条件的地方。养殖舍加温用燃煤热风炉大多为手烧、燃煤、间接式。

　　热风炉炉体：实际上是一种气—气热交换器。它是以空气为介质，采用间接加热的燃料换热装置。目前有卧式与立式两种形式，但工作原理基本相同。

　　离心风机：其功能是用来向舍内输送热风。风机进风口与热风炉的热风出口直接对接，风机出风口则与送风管路相连，通过送风管路将热风输送入舍内。

　　电控柜：电控柜中包括两套温度显示系统，其中一套温度显示系统的温度传感器设置在热风炉的热风出口处，控制风机启动和关停。另一套温度显示系统的温度传感器设置在舍内，将舍内不同点的温度在电控柜内显示出来，并在高于或低于限定温度时自动报警，提醒操作者采取措施。

　　有孔风管：有孔风管用以将热风炉产生的热风引向舍内并均匀扩散。该管是一条长度约为供暖长度2/3的圆管，每隔1m左右开一个排风口，管的末端敞开，多余热风全

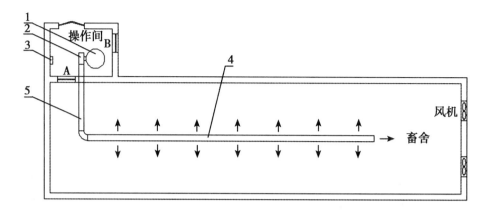

图 10 - 6 热风炉加温设备示意图

1 - 热风炉；2 - 离心风机；3 - 电控柜；4 - 有孔风管；5 - 连接风管

部从末端排出。有孔风管可用镀锌薄钢板卷制，也可用帆布缝制或塑料薄膜粘接。

工作时，热风炉燃料点燃进入正常燃烧后，热量辐射到炉壁上，经过耐火材料和钢板的传热，将热量传到风道和热交换室中，冷空气通过鼓风机经过炉体中的风道预热后进入热交换室进行热交换后成为热空气（热风），热空气经出风口再由送风管道送入舍内。舍内的送风管道上开有一系列的小孔，热空气从这些小孔中以射流的形式吹入舍内，并与舍内的空气迅速混合，产生流动，从而整个舍内被加热。

热风炉式加温可实现单纯加温、加温加通风和单独通风三种运行模式。

单纯加温（内循环运行）：当不要求换气、只要求加热时，可将热风炉操作间与室外的通风口关闭，而将舍内与热风炉工作间之间的通风口打开，使舍内的温热空气再次进入热风炉内加热，通过有孔风管进入舍内，这样热风是在舍与热风炉操作间循环，故称内循环，可迅速提高舍内温度，又节省燃煤。

加温加通风（外循环运行）：既需要加温保持舍内温度，又需要舍内通风换气，这时可将舍内与热风炉操作间之间的通风窗口关闭，打开热风炉操作间与室外的通风窗口，启动热风炉向舍内送热风，并同时启动舍另一端的风机以增加换气量，这样可在不降低舍内温度的前题下，对舍内进行通风换气。

单独通风：在热风炉不生火的情况下，启动热风炉离心风机，将室外的新鲜空气通过离心风机、有孔风管进入舍内，与舍内的空气混合后，经舍另一端的风机排出舍外，达到彻底通风的目的。

（2）蒸汽（或热水）加热式加温设备 一般可设在猪舍的中部。它由气流窗、气流室、散热器、风机和风管等组成（图 10 - 7）。散热器是有散热片的成排管子，锅炉供应的蒸汽或热水通过管内。室外的新鲜空气通过可调节的气流窗被风机的吸力吸入舍内，再由此经过过滤器进入散热器受到加热，最后被风机吸入并沿暖管进入猪舍内。

除了上述自行选择装配的蒸汽（或热水）加热器式热风供热系以外，还有用蒸汽或热水加热的暖风机。它由散热器、风机和电动机等组成。散热器是一排有散热片的管子，由锅炉供应的蒸汽或热水在管内通过，空气由风机吹过散热器，在通过后被加热，然后进入舍内。

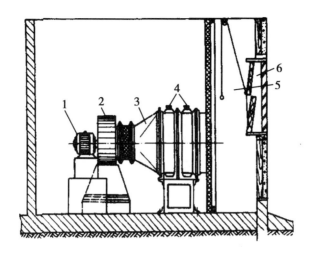

图 10 - 7 蒸汽（或热水）加温式供暖设备结构图
1 - 电动机；2 - 风机；3 - 吸气管；4 - 散热器；5 - 气流室；6 - 气流窗

（3）电热式热风加温设备　与蒸汽（或热水）加热式类似，是用电热式空气加热器代替蒸汽（或热水）式空气加热器。电加热器的制作很简单，只要在风道中安上电热管即可，所以设备成本较低，并且很适于进行自动控制。但它的耗电量大，运行费用高，限制了它的应用。

（二）局部加温供暖设备

局部采暖是利用采暖设备对养殖舍的局部进行加热，而使该局部地区达到较高的适宜猪生长的温度。如分娩母猪舍中，母猪的适宜温度为 18～25℃，而此时仔猪的适宜温度为 28～32℃，这时就需要在仔猪区单独设置加热设备。局部采暖常用的设备有远红外线辐射板加热器、电热保温板、红外线灯等。

1. 远红外线辐射板加热器

远红外线辐射板加热器由加热器、辐射板和调温控制开关 3 部分组成。其功率为 230W，使用电压 220V。调温控制开关分为高低两挡，位于低挡时功率为 115W。一般在母猪分娩栏里使用的局部采暖设备，主要是为了给刚出生的仔猪使用。

远红外线辐射板加热器的工作原理是：辐射板在通过电流后产生远红外线，并在加热器架上的反射板作用下，使远红外线集中辐射于仔猪躺卧区，当它被猪体表面吸收后，直接为其加热。其最大优点是热效率非常高。此外，仔猪经过远红外线辐射后还能促进增重和增强对各种疾病的抵抗能力。

2. 电热保温板

电热保温板是分娩母猪舍内使用的一种局部加热设备。它是将电热元件——电热丝埋在玻璃钢板内，利用电热丝加热玻璃钢板，使其表面保持一定的温度。电热保温板的功率为 110W，电压 220V。有高低两挡控温开关，以适应不同周龄仔猪对温度的要求，其最高表面温度可达到 38℃。电热保温板表面附有防滑条纹，并具有良好的绝缘性和耐腐蚀性，且不积水、易清洗、抗老化的优点。

3. 红外线灯

红外线灯的工作原理与远红外线辐射板加热器大致相同。它是在灯泡壁上涂有能够产生红外线的材料，灯丝发出的热量辐射到灯泡壁上后，向外发射红外线。红外线灯与远红外辐射板加热器相比，它产生的红外线能穿透皮层，促进新陈代谢，还能够发出微弱的红光，在夜间仔猪可以很容易就进入到保温箱中，并且微弱的红光不影响仔猪休息。红外线灯的主要缺点是价格高，使用寿命较短。

常用的红外线灯结构及接线方式与白炽灯基本相同，差别在于它的抛物面状的灯泡顶部敷设铝膜，以使红外线辐射流集中照射于仔猪躺卧区。常用的红外线灯的功率为250W，电压220V，在已加温的分娩栏或仔猪区可用150W灯泡，在温和天气时可用40W灯泡。在使用时，将红外线灯悬挂在仔猪保温箱的上方，离仔猪活动区地板45cm以上。当利用液化石油气产生红外线辐射热时，每300W需6.5m³/h的通风量。

（三）猪舍加温供暖方式的选用与节能技术

1. 猪舍加温供暖方式的选用

温室的热源不论是热风炉还是热水炉，从燃烧方式上分为燃油式、燃气式、燃煤式3种。其中燃气式的设备装置最简单，造价最低，但在气源上没有保证，不可强求。燃油式的设备也比较简单，操作容易，自动化控制程度高，现有一些小型的燃油锅炉，完全实现电脑控制。燃油式设备造价也比较低，占地面积比较小，土建投资也低。但燃油设备的运行费用比较高，相同的热值比燃煤费用高3倍。燃煤式的设备最复杂，操作比较复杂，需要锅炉工人责任心强，精心操作。燃煤式设备费用最高，因为占地面积大，土建费用比较高，但设备运行费用是3种设备中最低的，但对环境有影响。

一般在南方地区，采暖时间短，热负荷低，采用燃油式的设备比较好，加温方式采用热水或热风方式都可以，最好采用热风式。在北方地区冬季加温时间长，采用燃煤热水锅炉比较保险，虽然一次投资比较大，但可以节约运行费用，长期计算还是合适的。

2. 猪舍加温供暖节能技术

（1）猪舍的热量散失主要途径　①通过玻璃等围护结构传导散热；②向天空的辐射散热；③通风散热；④空气渗透散热；⑤地中传热。其中第②项耗热量很小，可忽略不计。第①项占总的散热损失的70%～80%。第③、第④项合计占总的散热损失的10%～20%，第⑤项占总的散热损失的5%～10%。

（2）温室节能就是要减少温室的散热量　减少玻璃温室热损失的有效办法是装设保温幕，保温幕可以有效地降低夜间的热损耗。在满足畜舍光照的前提下，最好安装双层透光材料。双层透光材料与单层透光材料比较，其耗热量减少50%，而透光率仅减少10%～20%。较好的方法是其中一层是可收放的，采光时收起，便不会影响透光率；保温时候放下以实现保温。另外采用防寒沟，填上保温材料减少地中传热量也十分有效。

三、猪舍的采光

畜舍的光照根据光源分为自然光照和人工照明。自然光照节电，但光照强度和光照时间有明显的季节性，一天中也在不断变化，难以控制，舍内光照度也不均匀。为了补充自然光照时间及光照度的不足，自然采光畜舍也应有人工照明设备。密闭式畜舍则必须设置人工照明，其光照强度和时间可根据猪要求或工作需要加以严格控制。

（一）自然采光

自然光照取决于通过畜舍敞开部分或窗户透入的太阳直射光和散射光的量，而进入舍的光量与畜舍朝向、舍外情况、窗户面积、入射角与透光角、玻璃的透光性能、舍内反光面、舍内设置与布局等诸多因素有关。采光设计的任务就是通过合理设计采光窗的位置、形状、数量和面积，保证畜舍的自然光照要求，并尽量使光照度分布均匀。

（二）人工照明

一般以白炽灯和荧光灯作光源，不仅用于密闭式畜舍，也用于自然采光畜舍作补充光照。

1. 影响猪舍照明的因素

影响猪舍照明的因素有光源、灯的高度、灯的分布、灯罩、灯泡质量与清洁度。

（1）光源　家畜一般可以看见波长为 400 ~ 700nm 的光线，所以用白炽灯或荧光灯皆可。荧光灯耗电量比白炽灯少，而且光线比较柔和，不刺激眼睛，但设备投资较高，而且在一定温度下（21.0 ~ 26.7℃）光照效率最高，温度太低时不易启亮。一般白炽灯泡大约有 49% 的光为可利用数值。

（2）灯的高度　灯的高度直接影响地面的光照度。灯越高，地面的照度就越小，一般灯具的高度为 2.0 ~ 2.4m。

（3）灯的分布　为使舍内的照度比较均匀，应适当降低每个灯的功率，而增加舍内的总装灯数。灯泡与灯泡之间的距离，应为灯泡高度的 1.5 倍。舍内如果装设两排以上灯泡，应交错排列；靠墙的灯泡，同墙的距离应为灯泡间距的一半。灯泡不可使用软线吊挂，以防被风吹动而使猪受惊。

（4）灯罩　使用灯罩可使光照度增加 50%。一般应采用平形或伞形灯罩。不加灯罩的灯泡所发出的光线约有 30% 被墙、顶棚、各种设备等吸收。

（5）灯泡质量与清洁度　灯泡质量差要减少光照度 30%，脏灯泡发出的光约比干净灯泡减少 1/3。

2. 选择灯具的步骤

（1）选择灯具种类　根据畜舍光照标准（表 10-1）和 1m² 地面设 1W 光源提供的光照度，计算畜舍所需光源总功率，再根据各种灯具特性确定灯具种类。

光源总瓦数 = 畜舍适宜光照度/1m² 地面设 1W 光源提供的光照度 × 畜舍总面积

表 10-1　猪舍人工光照标准

猪舍类别		光照时间（h）	照度（lx）	
			荧光灯	白炽灯
种公猪舍、育成猪舍、母猪舍、断奶仔猪舍		14 ~ 18	75	30
肥猪舍	瘦肉型猪舍	8 ~ 12	50	20
	脂用型猪舍	5 ~ 6	50	20

注：有窗舍应减至当地培育期最长日照时间

（2）确定灯具数量　灯具的行距按大约3m布置，或按工作的照明要求布置灯具，各排灯具平行或交叉排列，布置方案确定以后即可算出所需灯具盏数。

（3）计算每盏灯具瓦数　根据总功率和灯具盏数，算出每盏灯具功率。

四、清粪设备的组成特点

猪舍常用的清粪设备有拖拉机悬挂铲式清粪机、机械刮粪板、螺旋搅龙清粪机、高压清洗机和地板等辅助设施。

（一）拖拉机悬挂铲式清粪机

该机是在拖拉机上悬挂清粪铲或用推土（铲运）机清粪，属于移动式刮板清粪机。该机主要由清粪铲、橡胶刮板、粪铲臂、升降机构、调节架和拖拉机组成（图10－8）。清粪装置一般安装在拖拉机的前面，清粪铲刃的下端安装橡胶刮板，粪铲体和铲臂构成一体，铲臂末端销连在拖拉机支撑销轴上。扳动操纵手柄即可通过液压升降装置（或钢丝绳和滑轮）升降粪铲。当粪铲处于刮粪状态时，铲底部橡胶刮板贴附在地面上刮起和推移粪便。通过调节架可以调节粪铲和地面之间的间隙，以保证既能把粪便刮干净，又减少粪铲和地面间的摩擦阻力和不破坏地面。

该机优点是结构简单，机动灵活，可以用于室内、室外清粪，故障少，易形成固态粪有利于进一步处理；缺点是不易自动化，清粪时有噪声，舍内易受发动机排气的污染。一般用于经常打开的猪舍中的明沟清粪，如为暗沟，则缝隙地板或笼架必须制成悬臂式。

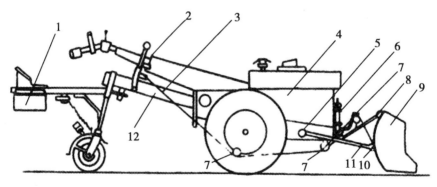

图10－8　拖拉机悬挂铲式清粪机示意图

1－配重块；2－操纵手柄；3－钢丝绳；4－手扶拖拉机；5－支撑轴销；

6－调节架；7－滑轮；8－连接耳；9－推铲；10－圆柱销；11－铲臂；12－连接梁

（二）机械刮粪板

机械刮粪板因其优良的工作效果、出色的工作可靠性和适当的成本价格，在我国养猪场应用较多。常用的是往复式刮板清粪机和环形链式刮板清粪机。

1.往复式刮板清粪机

往复式刮板清粪机主要由驱动装置（包括电机、减速器、联轴器、大绳轮、小绳轮等）、转角轮、牵引绳（主要为钢丝绳或亚麻绳）、刮粪板、行程开关及电控装置等组成（图10－9）。

该机按动力构成可分为单相电和动力电两种。按机器配套减速机型号可分为蜗轮蜗杆减速机和摆线针轮减速机两种。使用蜗轮蜗杆减速机,电动机与减速机之间皮带相连接,使用摆线针轮减速机,电动机和减速机之间直接法兰连接。摆线针轮减速机输出扭矩大更适合加宽加长粪道,刮粪宽度最宽可以达到 4m。按绕绳轮区可分为单驱动轮和双驱动轮。单驱动轮机器运转时候一个动力输出轮,双驱动轮机器运转时两个动力输出轮有效的避免了绳子打滑现象的发生。一般清扫宽度为 700~400mm,清扫长度 10~150m。其特点是:操作简便,镀锌刮板能够耐腐蚀保证了清粪机使用寿命,设置自动限位、过载保护装置,运行可靠,无气候、地形等特殊要素影响,基本没有噪声,对大牲畜的行走、饲喂、休息不造成任何影响。

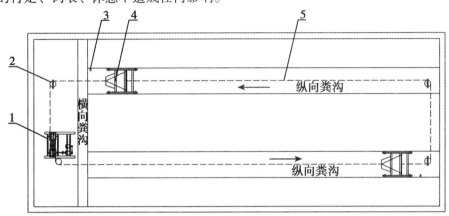

图 10 - 9　往复式刮板清粪机构成示意图
1 - 驱动装置;2 - 转角轮;3 - 行程开关;4 - 刮粪板;5 - 牵引绳

工作时,开启倒顺开关,驱动装置上电机输出轴将动力经皮带和减速机传至驱动装置的主动绳轮和被动绳轮,由主动绳轮和被动绳轮与牵引绳(钢丝绳或亚麻绳)间的挤压摩擦获得牵引力,从而牵引刮粪板进行清粪作业。以 2 条纵向粪沟清粪为例,清粪时,处于工作行程位置的刮粪板自动落下,在车架上呈垂直状态,紧贴粪沟地面,刮粪板随着牵引绳的拉力向前移动,将粪沟内的粪便推向集粪坑方向(图 10 - 9 中的上列);位于空程返回的刮粪板自动抬起,离开粪沟地面,在车架上呈水平状态,空程返回(图 10 - 9 中的下列)。2 台刮板机完成 1 次刮粪行程后,当处于返回行程的刮粪板的撞块撞到行程开关时,电机反转,处于返回行程的下列刮粪板向相反方向运动,呈工作行程;原来处于工作行程的上列刮粪板则处于返回行程,将粪便遗留在粪沟中的某一位置,当该列的返回行程结束(撞块撞到行程开关)时,再次恢复工作行程,由另一个刮粪板将留在粪沟中的粪便继续向前移动。如此往复运动,依次将粪便向前推移,直至把粪沟内的粪便都推到横向粪沟输送带送至舍外。牵引绳的张紧力由张紧器调整。刮粪板往返行程由行程开关控制。

往复式刮板清粪机技术参数:配套动力为 1.1~1.5kW,牵引力 ≥3 000N,工作速度为 0.25m/s,适用粪沟数量为每台可用于 1~4 列粪沟,刮粪板回程离地间隙为 80~120mm,刮净度 ≥95%。

2. 环形链式刮板清粪机
环形链式刮板清粪机由驱动装置、链子、刮板、导向轮和张紧装置等部分组成

（图 10 - 10）。工作时，驱动装置带动链节在环形粪沟内做单向运动，装在链节上的刮板便将粪便带到倾斜升运器上，通过倾斜升运器，可将粪便输送到舍外的运输车辆上。

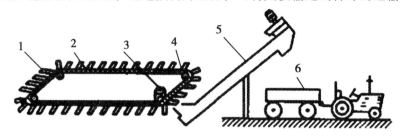

图 10 - 10　环形链式刮板清粪机示意图
1 - 刮板；2 - 链子；3 - 驱动装置；4 - 导向轮；5 - 倾斜升运器；6 - 拖车

为防腐，清粪机的链子和刮板一般用不锈钢制造。粪沟的断面形状要与刮板尺寸相适应。刮板能自由地上下倾斜，以使刮板底面能紧贴在粪沟底面上，保证良好的刮粪效果。新型环形链式刮板清粪机的主要技术参数为：链节距 115mm，刮板间距 460mm，刮板伸出长度 290mm，刮板高度 52mm，链板移动速度 0.17～0.22m/s，生产率 3.8t/h，功率 4kW。适用于对头排列的双列大牲畜饲舍，粪沟连成环形。

（三）螺旋搅龙清粪机

螺旋搅龙清粪机是一种采用螺旋搅龙输送粪便的清粪机。一般仅用于牛舍的横向清粪，即将牛粪便运至舍外，往往与往复式刮板清粪机联合使用。横向粪沟断面做成"U"形，并低于纵向粪沟，在横向粪沟中安装螺旋搅龙。刮板清粪机将纵向粪沟内的粪便输送到横向粪沟中，螺旋搅龙转动时就将粪便送至舍外。

（四）高压清洗机

高压清洗机也称高压水射流清洗机、高压水枪。其功用是用通过动力装置使高压柱塞泵产生高压水，经喷嘴喷出变成具有冲刷力的高压水射流来冲洗牛舍地面及物体表面，将污垢剥离，冲走，达到清洗物体表面的目的。

按动力可分为电机驱动高压清洗机、汽油机驱动高压清洗机等。按出水温度可分为冷水高压清洗机和热水高压清洗机两大类。两者区别在于热水清洗机里加了一个加热装置，一般会利用燃烧缸把水加热，迅速冲洗净大量冷水不容易冲洗的污垢，提高了清洁效率，但该机价格偏高，且运行成本高。

冷水高压清洗机主要由电动机、进水阀、水泵、出水阀、管路、高压水枪、清洗剂吸嘴、高压水管、电源线、温控开关、电源开关等组成。热水高压清洗机在冷水高压清洗机的基础上增加了加热器、喷油嘴、点火电极总成、油箱、燃油滤清器、油泵、风机等（图 10 - 11）。

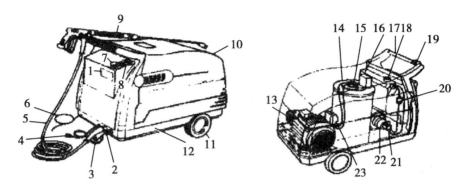

图 10 - 11 高压清洗机结构示意图

1 - 商标；2 - 进水口；3 - 后轮；4 - 清洗剂吸嘴；5 - 高压水管；6 - 电源线；
7 - 温控开关；8 - 电源开关；9 - 高压水枪；10 - 护罩；11 - 前轮；12 - 底盘；
13 - 电机、高压泵总成；14 - 加热器；15 - 喷油嘴、点火电极总成；
16 - 烟囱；17 - 车扶手；18 - 油箱；19 - 枪托；20 - 燃油滤清器；21 - 油泵；
22 - 风机；23 - 高压点火线圈

操作技能

一、操作湿帘风机降温设备进行作业

(一) 风机的操作

1. 检查机具技术状态符合要求后，参照操作通风设备的方法启动电动机。

2. 风机开启时，养猪舍内所有门窗必须保持关闭状态，同一养猪舍部分风机运转时，其余风机百叶窗应处于关闭状态，防止空气流短路。

3. 作业时要检查养猪舍内前、中、后3点的温度差，利用机械式通风和进风口的调节使温度一致。

4. 风机停机时，严禁使用外力开启百叶窗，以避免破坏百叶窗的密合性。

5. 作业注意事项

(1) 风机在转动时严禁将身体任何部位和物件伸入百叶窗或防护网，严禁无防护网运行。

(2) 在运行过程中如发现有风机振动、风量变小、噪声变大、电机有"嗡嗡"的异常声响、电机过热、轴承温升过高等异常情况，应立即停机熄火，待检修排除故障后重新试机，以免由于小的故障导致风机的严重损坏。

(3) 当突然断电时应关闭猪舍总电源，以防来电后设备自行启动，立即开启猪舍应急窗（侧墙通风窗）防止猪群被闷死，并迅速通知养殖场专职供电人员，尽快开动自备发电机供电。

(二) 湿帘系统的操作

1. 当养殖舍外环境温度低于27℃时，一般采用风机进行通风降温，湿帘系统不开；当超过27℃时，启用湿帘系统。

2. 如启动湿帘风机降温时，应先关闭所有猪舍门窗和屋顶、侧墙的通风窗。

3. 水量调节。供水应使湿帘均匀湿透，每平方米湿帘顶层面积供水量为 60L/min，如果在干燥高温地区，供水量要增加 10%～20%。从感官上看，所有湿帘纸应均匀浸湿，有细细的水流沿着湿帘纸波纹往下流，不应有未被湿透的干条纹，内外表面也不应有集中水流。通过调节供水管路上溢流阀门的开口大小控制水量。

4. 水质控制。湿帘使用的水应该是井水或者自来水，不可使用未经处理的地表水，以防止湿帘孳生藻类。湿帘降温原理为水分蒸发吸收空气中热量，当启动湿帘系统时，水被蒸发掉，而其中的杂质及来自空气中的尘土杂物被留下来，导致在水中浓度越来越高，会在湿帘表面形成水垢，故要经常放掉一部分水，补充一些新鲜水，同时在重新进入供水管道前要过滤。

5. 系统每次使用结束后，水泵应比风机提前 10～30min 关闭，使湿帘水分蒸发晾干，以免湿帘上生长水苔。

6. 系统停止运行后，检查水槽中积水是否排空，避免湿帘底部长期浸在水中。

7. 作业注意事项：

（1）水泵不要直接放在水箱（或水池）底部。当水箱（或水池）缺水或水位高度不够时，严禁启动水泵，否则会造成水泵空转发热而烧坏水泵。

（2）不要频繁启动或长时间运行湿帘。每天至少关闭水泵和风机 1h，可选择在凌晨。

（3）检查湿帘状况，特别要注意其表面结垢及藻类孳生情况。每天要使湿帘彻底干燥一次，抑制藻类生长。在水泵停止运行后 30min 关停风机可使湿帘完全晾干。

（4）保证循环用水，注意适宜水温不要高于 15℃。

（5）当舍外空气相对湿度大于 85% 时，湿帘效果会较差，此时应停止使用湿帘降温。

（6）湿帘的开启最好连接在温度控制仪上。用温度和时间同时控制，尽量不用人工开关，以防温度不均匀。

二、操作喷雾降温设备进行作业

1. 根据舍内温度情况设置恒温器的温度和定时器开、关时间。
2. 启动高压水泵。
3. 打开水高压管路阀门和开关。
4. 打开电磁开关。
5. 观察高压喷头喷雾情况，必要时进行维修。
6. 检查高压输水管道是否有渗漏，有则停止供水后排除。
7. 观察自动控制装置的灵敏度和可靠性，发现异常及时停电维修。

三、操作热风炉进行作业

1. 烘炉。热风炉烘炉前，应对热风炉设备及所有电器进行检查，确认无异常现象时，方可点火运行。炉排上堆放干木柴，点火燃烧，时间一般持续 4 小时左右，燃烧时适当加添干木柴。

2. 点火。当达到烘炉要求后，在木柴上加少量的煤，煤燃烧起来后，再将其红火逐渐向周围拨弄，直到整个炉条上布满煤火，方可加大布煤量。燃煤热风炉点火与送风可同时运行或点火后立即开动风机送风，但送风不得晚于点火后5min。

燃气热风炉必须先开动送风机，后点火。

3. 热风炉点火后，应先小火燃烧，待热风炉炉胆全部预热后再强燃烧，相应送风量自始至终应该满负荷运行。

4. 加煤燃烧的要领：应做到"三勤""四快"。"三勤"为：勤添煤、勤拨火、勤捅火。"四快"为：开闭炉门快，但动作轻；加煤快，要匀散；拨火动作快，不准出现窜冷风口；出渣快，不得碰坏炉内耐火材料。

5. 正常运行中，加煤时，布煤要均匀，煤层厚度在100～150mm，根据煤种不同确定煤层厚度。热风炉正常运行时应检查炉算上燃烧情况，要求是：火床平，火焰实而均匀，颜色呈淡黄色，没有窜冷风的火口，从烟囱冒出的烟呈淡灰色。通过调整清灰门开启的大小来调节炉膛的供风量，从而调整热风炉的燃烧程度。

热风炉正常运行时，燃烧室的最高燃烧温度应保持在900～1 000℃，供风温度不得大于350℃，短时内（2～3min）不得大于400℃。当风温高于350℃时，应立即调小燃烧温度调整热风炉进风口大小，待送风温度正常后，恢复到正常运行状态。

6. 要及时清理炉膛下面炉渣，防止闷炉。

7. 使用一段时间后，如果炉火不旺，可能是烟灰堵塞管路，可打开检修口清理后再使用。

8. 风机的启动与关停：

（1）风机启动前，先检查送风管路风门调节手柄是否处于关闭位置，启动约半分钟后，方可逐渐打开到正常位置。

（2）停止送热风时，应先闷火或熄火后继续送风，待风温度降至100℃以下时停止送风。

风机有手动和自动两种控制方法：①手动时只需将开关拨到"手动"位置，风机即运转，不用时拨到中间位置。②自动控制时，将开关都拨到"自动"位置，当热风炉出口处温度过高时，则启动离心风机及时将热量排出，降低热风炉内的温度，当热风炉的热风出口温度降下来时，离心风机则自动停机。

9. 停炉熄火时，要先让炉内燃料燃尽或将燃料掏出，直到炉温低于炉温设定下限值时，才可以关闭离心风机，在此之前不得切断电源或强制停机。

10. 供暖结束时，关闭清灰门，打开炉门，将燃料燃尽或加煤粉均匀封盖火床压火，待炉膛内温度降低后（当出风口传感器显示温度低于55℃时）停止风机运行，以免炉膛内温度过高烧损设备。

11. 作业中经常观察压力表、温度计的读数等。检查热风炉出风口热风温度，检查烟囱排烟是否正常。

12. 每班做好作业记录。

13. 作业注意事项：

（1）操作间应有足够的操作空间，不应堆放杂物，尤其易燃物品；保持清洁卫生，保证进入舍内的热空气的清洁。

（2）烟囱高度要足够，在烟囱上口和防雨帽之间要铺设金属网，防止火星窜出发生火灾。

（3）热风炉运行中突然停电时，应立即将出风口传感器拔出，并将炉火封住，用煤粉压火，打开炉门，关闭清灰门。

（4）热风炉运行时必须有专人看管，如果出现停电、设备故障等情况时必须及时处理，以防止设备受到损坏。短时间离岗时要封炉。

（5）热风出口温度不得高于设备铭牌标示的最高使用温度，当温度过高时应及时关闭清灰门，以降低炉膛温度。

（6）热风炉运行时热风出口不得有漏烟现象发生，若发现有漏烟现象，应采取措施消除后再继续运行。

（7）避免无风强烧，高温时，不得停止风机。

（8）经常检查舍内猪表现是否正常、舍内通风是否良好。尤其是在冬季气温低的情况下，操作者往往只注意保暖而忽视了正常的通风。通风良好时，猪活泼好动，舍内无异味，如果发现养殖猪无病打蔫、呼吸微喘、异味很浓、灰尘弥漫，说明舍内通风极度不良，有害气体氨、硫化氢、一氧化碳等超标，应立即加强通风，这时应关闭清灰门，打开炉门。

（9）采用热风炉加温的养猪舍，猪入舍前24h，舍内温度必须达到所规定的要求。

（10）检查养猪舍内温度及均匀分布情况，查验温度计上的温度和实际要求的温度是否吻合。

（11）检查养猪舍门窗关闭情况，热风炉运行时必须做到关闭所有养猪舍门窗和屋顶、侧墙通风口。

四、操作光照控制设备进行作业

1. 光照设备检查合格后，合上开关，接通电源。
2. 随时观察光照强度和控制设备的准确性及灵敏度。
3. 结束时，拉断开关，关闭电源。
4. 红外线灯使用注意事项：

红外线灯主要用于分娩母猪舍的母猪栏中仔猪活动区，红外线辐射热可以来自电或液化石油气。采用的红外线灯，如下面有加热地板，产后最初几天的仔猪每窝应有功率为250W的红外线灯，如下面无加热地板，则每窝仔猪应有650W红外线灯。灯悬挂在链子上，灯离仔猪活动区地板45cm以上。当利用液化石油气时每300W需6.5m³/h的通风量。

五、操作拖拉机悬挂铲式清粪机进行作业

1. 机具技术状态检查合格后，将离合器挂空挡，主、副变速手柄挂在空挡，制动手柄放在制动挡，油门放在中等供油位置，启动发动机。
2. 冷机低速运转2min左右，加大油门，提高转速。
3. 操作升降手柄，将悬挂铲提升离开地面20cm。
4. 将离合器挂空挡，主变速手柄放在行走的挡位上，拖拉机起步并行驶到清粪地点。

5. 操作升降手柄，将悬挂铲下降浮到地面上 1cm 左右。

6. 驾驶拖拉机往前开，将粪便推向养殖舍一端输粪机上输送到舍外。

7. 再将拖拉机开到起点端，依次将粪便推向养殖舍一端输粪机上，直至该地结束。

8. 将拖拉机开到另一地点进行清粪。

六、操作往复式刮板清粪机进行作业

（一）安装

1. 地沟

地沟设计一般为一边深一边浅，深的那边一般设计成 30～35cm，是出粪和固定主机的地方，浅的那边一般设计成 16～18cm，这样便于清舍时候，水往一头流，另外便于主机隐藏于地下。

2. 主机

主机安装应挖成 1m 见方，深 70cm 的坑，然后使混凝土浇注，浇注时打上预埋铁，浇完后上平面应比地沟底面低 12～13cm。

安装主机时，可用电焊点上几点即可，也可使用大号膨胀螺丝连接固定。

3. 转角轮

安装转角轮千万要注意，参考安装图，绳子绕的轮槽边是中心，不是转向轮的轴中心，如果中心找错了，刮粪时粪板将跑偏不稳定。中心找好后用混凝土浇注，浇注至转向轮轴露出来 4cm 即可。转向轮高度，从沟底往上量 20cm，水泥墩 60cm×60cm。

4. 绕绳

绕绳的时候，应先把绳子一头在主机两个绕绳轮绕满，然后再把转向轮绕上。最后在一个刮粪板上扣死即可。

5. 紧绳

紧绳应该有 2 个人，1 个人把着开关，另 1 个人把绳子从刮粪板架子上绕过去，然后把绳子头固定的转向轮的轴上，然后一个人拉绳子，一个人开开关，主机把绳子拉紧即可。

6. 安装注意事项

（1）以绳子或链条中心线为基准。

（2）保证各个拐角处转角轮中心位置的线性度、垂直度。

（3）缓冲弹簧的端头应朝下。

（4）电机轴和传动链轮的接触面及连接螺栓需打黄油后再安装，方便日后维修拆卸。

（5）电气安装：规范操作，接线牢固，设备必须使用真正地线接地，通电之前认真核对。

（二）作业

1. 检查机具技术状态符合要求后，开启倒顺开关，驱动电机，系统即进入工作状态。

2. 人工定期清理刮粪板首尾两端的清粪死区。

3. 检查刮粪板是否能畅通无阻地移动，而不会碰到突出的地板或螺栓头等。

4. 完成工作后要按下停止按钮，并应切断电源。

（三）注意事项

1. 操作电控装置时应小心谨慎，防止电击伤人。

2. 刮板工作时，前进方向上严禁站人。

3. 操作面板的设置不允许非技术人员任意修改。严禁提高刮粪板行走速度。

4. 出现异常响声，要立即停机，切断电源后进行维修，禁止带电维修。

5. 在寒冷地方必须安装防冻保护。如刮板等已冻住，首先应除掉电机、转角轮上附着的粪便，如果设备依然冻结，应用热水或盐水解冻后才能重新启动电机。

6. 更换电路过载保护装置时，应严格按照使用说明书配置，不得随意提高过载保护装置过载能力。

七、操作高压清洗机进行作业

1. 连接水源。使用供水软管连接设备与水源（水龙头），打开进水口。

2. 从支架上将全部高压水管拉下来，将设备开关调到"I"，此时，指示灯会变绿。

3. 释放手喷枪锁和枪杆，扳动手喷枪的扳机。

4. 通过旋转压力流量控制开关，调整操作水压与流速，使用高压束状以射流形式冲去猪舍墙壁、地面和设备表面污物。

（1）调整操作水压与流速时，最好是在距离清洗区域 1~2m 远的地方启动设备，采用一个大的扇形喷射角范围，并根据具体情况相应地调整喷射距离和喷射角度，左右移动喷枪杆来回几次并检查表面是否干净。如果需要加强清洗，将喷枪杆移动靠近表面（30~50cm），这将得到一个更好的清洗效果，并且不会损坏正在清洗的表面。

（2）当使用清洁剂时，从物体的底部开始喷射逐渐达到物体顶点。在冲洗前暂停 5~10min，让清洁剂在物体上停留下来并开始消散，分解掉所有的污物。但不能让清洁剂在物体上停留时间太长以至于在表面上变干。冲洗时，从物体顶部开始冲洗逐渐往下到物体底部，直到整个表面没有清洁剂和条纹印。

（3）猪进舍之前、出栏后必须对舍和设备进行清洗和消毒，冲洗猪舍时按照先上后下、先里后外的顺序，保证冲洗效果和工作效率，同时还可以节约成本。冲洗的具体顺序为：顶棚、笼架、食槽、进风口、墙壁、地面、粪沟，防止已经冲洗好的区域被再度污染。墙角、粪沟等角落是冲洗的重点，避免形成"死角"。

5. 操作中途中断时，将手喷枪的扳机释放，设备关闭，再次释放扳机时，设备将再次启动。

6. 清洗结束时，将清洁剂计量阀调到"0"，并将设备启动持续一分钟，用水流清除机器内残留的清洁剂。

7. 关闭设备时，将设备开关调到"0"，将电源插头拔出，关闭进水管，扳动扳机，直到设备没有压力，将手喷枪上的安全装置朝前推锁上，以防止误启动。

8. 设备长距离移动时，抓住手推柄朝前推拉。

9. 设备保存时，将手喷枪安置在支架上，卷起高压软管，将高压软管卷到软管轴上，压下曲柄把手将软管轴上锁，将连接电缆卷到电缆支架上。

10. 当设备在寒冷环境下使用时，必须增加防冻措施。具体做法是：将喷枪（喷头）拆下，将出水管道插进供水水箱，开机打循环，使防冻剂在设备管路内循环。

如果泵或软管中的水已经结冰，泵机组必须在设备除冰后将喷枪（喷头）拆下，使低压水流经设备以确保设备中无冰渣后，方可重新起动。

11. 注意事项：

（1）操作人员进入养殖区时必须穿戴好防护用品，并淋浴消毒、更换工作服、戴口罩。

（2）清洗机不应与自来水管路直接连接，若需短暂连接必须配专用止回阀。

（3）要求清洗后无任何杂物。

（4）禁止对着人喷水。

（5）不要用喷射的水直接清洗机器本身，否则高压的水会损坏机器零部件。

第十一章　设施养猪装备故障诊断与排除

相关知识

一、湿帘风机降温设备工作原理

湿帘降温设备的工作原理是利用"水蒸发吸收热量"的原理，实现降温的目的。水泵将水池中的水经过上水管送至喷水管中，喷水管的许多孔口朝上的喷水小孔（孔径为 3~4mm，孔距为 75mm）把水喷向反水板，从反水板上流下的水再经过疏水湿帘（厚度约 50mm）的散开作用，使水均匀地淋湿整个降温湿帘，并在其波纹状的纤维表面形成水膜。此时安装在侧墙的轴流风机向舍外排风，使舍内形成负压区，舍外新鲜空气穿过湿帘被"吸入"舍内。当流动的空气通过湿帘的时候，湿帘表面水膜中的水会吸收空气中的热量后蒸发，带走大量的潜热，使空气降温增湿后进入舍内。从湿帘流下的水经过湿帘底部的集水槽和回水管又流回到水池中。

二、循环热水加温供暖设备工作原理

在热水加温设备中，锅炉和散热器之间由供水管相连。当系统充满水后，水在锅炉中受热，温度升高，密度减小；而在散热器散热的水温度降低，密度增大。这样被锅炉加热的水不断上升，经散热器冷却的水又流回（或经水泵抽回）锅炉被重新加热，形成了循环。

循环热水加温设备是依靠热升冷降的重力作用实现不断地循环。根据经验其保证条件是，最低散热器的中心到锅炉中心的高度差不小于 3.5m。热水靠重力作用循环的压力较小，因此，作用范围不应超过 50m。

三、蒸汽加温供暖设备工作原理

蒸汽加温设备是以水蒸气作为载热介质，水蒸气由锅炉产生，通过管道，进入散热器凝结成水，同时放出热量；凝结的水靠重力或者加上机械力回入锅炉加热。该设备分为低压和高压 2 种。低压蒸汽加温设备的压力为 20~70kPa。高压蒸汽加温设备的压力和温度较高，高温散热器常装进猪舍热空气加温设备里，作为空气加热的热源。

四、热风加温供暖设备工作原理

工作时，空气通过热源被加热，再由风机将热风通过管道送入舍内。

五、往复式刮板清粪机工作原理

往复式刮板清粪机是由一个驱动电机通过链条或钢绳带动两个刮板行成一个闭合环路。工作时，电动机正转，驱动绞盘，便带动一侧牵引绳正向运动，拉动该侧刮板移动，开始清扫粪便工作，并将粪便刮进横向粪沟；则另一侧牵引绳反向运动，该侧刮板翘起后退不清粪。当刮板运行至终点，触动行程倒顺开关使电动机反转，带动牵引绳反

向运动，拉动刮板进行空行程返回；同时，另一刮板也在进行反向清粪工作；到终点电动机又继续正转。如此循环往复两次就能达到预期清扫效果。

六、高压清洗机工作原理

高压清洗机工作原理，以 CQD—10 型为例（图 11 - 1），该机由单相电容异步电机、机座、联轴套、进水阀、柱塞泵、出水阀、管路、手喷枪等组成。工作时，电动机驱动三柱塞泵的偏心轴，使三柱塞往复运动。当柱塞后退时，出水单向阀关闭，柱塞缸内形成真空，进水单向阀打开，水通过单向阀被吸入缸内；当柱塞前进时，进水单向阀关闭，缸内水的压力增高，打开出水阀，压力水进入蓄能管路，通过单向阀门到高压胶管内（即手喷枪阀的后腔），打开手喷枪阀扳机（开关），高压水通过喷嘴射出，进行清洗工作。通过更换不同形状的喷嘴，可以获得水滴大小不一的高压水流。偏心轴每转动一周，三个柱塞各完成一次吸、排水过程。CQD—10 型高压清洗机的工作压力为 6 ~ 7MPa，配套单相电机功率为 1.3kW，流量为 9.83L/min。

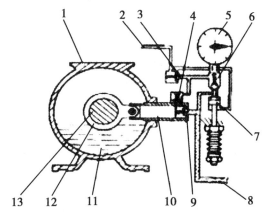

图 11 - 1　CQD - 10 型高压清洗机工作原理图

1 - 偏心轴箱；2 - 出水管接枪阀；3 - 单向阀；4 - 出水单向阀；5 - 压力表；6 - 单向阀；
7 - 卸荷阀；8 - 进水管；9 - 进水单向阀；10 - 柱塞；11 - 油；12 - 连杆；13 - 偏心轴

高压清洗机的进水管与盛消毒液的容器相连，还可进行猪舍的消毒。

七、电动机的构造原理

大型牲畜饲养舍常用的电动机有三相异步电动机和单相异步电动机。三相异步电动机由定子、转子及支承保护部件 3 部分组成，如图 11 - 2 所示。单相比三相电机另增加了启动部分（启动线圈或电容）。

（一）三相异步电动机的构造

1. 定子部分

定子是电动机的固定部分，主要由定子铁芯、三相定子绕组、机座等组成。机座是电动机的外壳和支架，其作用是固定和保护定子铁芯、定子绕组和支承端盖，一般为铸铁铸成。为了增加散热面积，封闭型 Y 系列、小机座的外壳表面有散热筋。机座壳体内装有定子铁芯，铁芯是电动机磁路的一部分，由内圆冲有线槽的硅钢片叠压而成，用

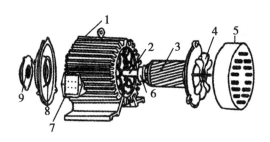

图 11－2　三相异步电动机示意图
1－定子；2－转轴；3－转子；4－风扇；5－罩壳；
6－轴承；7－接线盒；8－端盖；9－轴承盖

以嵌放定子绕组。三相定子绕组，是电动机的电路部分，通入三相交流电便会产生旋转磁场，中小型电动机一般用高强度漆包线绕制，三相绕组共有六个出线端，接在机座的接线盒中，每相绕组的首端和末端分别用 D1、D2、D3 和 D4、D5、D6 标记（或用 A、B、C 和 X、Y、Z 标记），防止接线错误。

2. 转子部分

转子是电动机的转动部分，其功用是在定子旋转磁场的作用下，产生一个转矩而旋转，带动机械工作。三相异步电动机的转子按其型式不同分为笼型和绕线型两种。笼型三相异步电动机结构简单，用于一般机器及设备上。绕线型三相异步电动机用于电源容量不足以启动笼型电动机及要求启动电流小、启动转矩高的场合。

（1）笼型转子　由转轴、转子铁芯、转子导体和风扇等组成。笼型转子绕组与定子绕组不同，每个转子槽内只嵌放一根铜条或铝条，在铁芯两端槽口处，由两个铜或铝的端圆环分别把每个槽内的铜条或铝条连接起来，构成一个短接的导电回路。如果去掉转子铁芯只看短接的导体就像一个鼠笼，所以称为笼型转子。目前国产中小型的笼型异步电动机，大都是在转子铁芯槽中，用铝液一次浇铸成笼型转子并铸出叶片作为冷却用的风扇。转轴一般用中碳钢制成，其作用是支撑转子，传递转动力矩。转轴的伸出端安装有皮带轮，非伸出端用于安装风扇。

（2）绕线型转子　绕线式转子铁芯上绕有与定子相似的三相绕组，对称地放在转子铁芯槽中，3 个绕组的末端连在一起，成星形连接。3 个绕组的首端分别接到固定在转子轴上的 3 个铜滑环上，滑环与滑环、滑环与转轴之间都相互绝缘，再经与滑环摩擦接触的 3 个电刷与三相变阻器连接。

3. 支承保护部件

支承保护部件包括端盖、轴承、轴承盖、风扇、风扇罩、吊环、接线盒、铭牌等。

（二）三相异步电动机的工作原理

三相异步电动机是利用旋转磁场和电磁感应原理工作的。电流可以产生磁场，当三相异步电动机的定子绕组中通入三相交流电（相位差 120°），三相定子绕组流过三相对称电流产生三相磁动势（定子旋转磁动势），并产生一个旋转磁场，该磁场以同步转速沿定子和转子内圆空间作顺时针方向旋转。

操作技能

一、湿帘风机降温设备常见故障诊断与排除

风机常见故障诊断与排除见表 7-5，湿帘常见故障诊断与排除见表 11-1。

表 11-1 湿帘常见故障诊断与排除

故障名称	故障现象	故障原因	排除方法
湿帘纸垫干湿不均	湿帘纸垫干湿不均	1. 喷水管堵塞 2. 喷水管位置不正确 3. 疏水湿帘没有装 4. 供水量不足	1. 打开末端管塞，冲洗喷水管。 2. 喷水管出水孔调整为朝上 3. 检查疏水湿帘是否安装 4. 冲洗洗水池、水泵进水口、过滤器等，清除供水循环系统中的脏物；调节溢流阀门控制水量或更换较大功率水泵、较大口径供水管
湿帘纸垫水滴飞溅	水滴溅离湿帘纸垫	1. 供水量过大 2. 湿帘边缘破损或出现飞边，都会引起水滴飞溅 3. 湿帘安装倾斜 4. 喷水管中喷出的水没有喷到反射盖板上	1. 调节溢流阀门控制水量或更换较小功率水泵 2. 检查并修复湿帘破损边缘和飞边 3. 调整湿帘使之竖直 4. 喷水管出水孔调整为朝上
水槽溢水和漏水	水槽溢水	1. 检查供水量过大 2. 水槽出水口堵塞 3. 水槽不水平	1. 减小供水量 2. 清理水槽出水口杂物 3. 进行调整，保证水槽等高
	水槽接缝处漏水	1. 水槽变形导致接缝处开裂 2. 水槽密封胶老化	1. 在停止供水后，调整水槽，涂抹密封胶 2. 重新涂抹密封胶
降温效果差	降温效果不明显	1. 湿帘横向下水管道下水口向下安装 2. 湿帘横向水管道不平 3. 湿帘堵塞 4. 湿帘纸拼接处安装不紧密 5. 水循环系统不密闭，粉尘较大且夏季苍蝇较多，容易造成水源污染，进而堵塞水循环系统	1. 重新安装，使横向下水管道下水口向上安装 2. 校正横向水管道在同一轴线 3. 清洁湿帘 4. 修复湿帘纸拼接处 其安装紧密 5. 尽量用密封管道连接，加强过滤，清除污物，清洁水源

二、喷雾降温设备常见故障诊断与排除（表 11-2）

表 11-2 喷雾降温设备常见故障诊断与排除

故障名称	故障现象	故障原因	排除方法
不喷水	喷头不喷水	1. 水箱无水或水少无高压 2. 滤网、管路或喷头堵塞 3. 阀门或开关未打开 4. 温控器或定时器损坏 5. 电磁阀损坏 6. 高压水泵损坏 7. 高压喷头损坏	1. 水箱加水，提高水压 2. 清除滤网、管路或喷头的堵塞 3. 打开阀门或开关 4. 更换温控器或定时器 5. 更换电磁阀 6. 检修高压水泵 7. 检修或更换高压喷头

续表

故障名称	故障现象	故障原因	排除方法
管路漏水	管路渗漏水	1. 管接头松动 2. 接头密封件老化或损坏 3. 阀门或开关未关严 4. 管路或接头老化	1. 增加密封胶布，重新拧紧 2. 更换密封件 3. 关紧阀门或开关 4. 更换损坏的管路或接头

三、热风炉常见故障诊断与排除（表11-3）

表11-3　热风炉常见故障诊断与排除

故障名称	故障现象	故障原因	排除方法
炉火不旺	正常加温，炉火不旺	1. 煤质量太差 2. 加热管周围积碳和灰尘多、烟囱堵塞 3. 温控调节器设置不合理，影响燃烧 4. 除灰室和炉算上灰渣多，影响通风 5. 烟囱直径、高度与要求不符	1. 更换发热量高的低结焦煤块、无烟煤块 2. 清理加热管的积碳和灰尘，清理烟囱积碳和灰尘 3. 按说明书介绍方法设置加温温度，调节风门进风量 4. 清理炉算上、灰室内灰渣，保持良好通风 5. 按热风炉型号设置要求安装烟囱
开始热而后来逐渐不热	正常加温，热风不热或开始热而后来逐渐不热	1. 热风炉换热面积灰过多，影响换热效果 2. 烟囱三通下部积灰太多，堵塞烟囱炉火不旺 3. 选用热风炉与实际取暖面积不匹配	1. 清除换热面上的积灰，煤灰多的需要每日清理一次烟囱积灰 2. 按上述第一项分析与排除 3. 根据实际需要选择热风炉
炉内温度突然过高	系统停止状态突然炉内温度过高，舍内温度不高	1. 清灰门后没关严 2. 房间保温效果差或养殖舍过高，热损失太多	1. 关严清灰门 2. 处理保温设置
封不住火	封火效果不好	1. 温控调节器设置不合适 2. 清渣门、灰室门、加煤门关闭不严	1. 调节温控仪表 2. 关闭清渣门、灰室门、加煤门
炉门口冒烟	炉门口冒烟	1. 清灰时，打开清灰门后未关闭 2. 清理换热室、灰室、烟囱积灰时，因开启上、下清灰门，降低了烟囱抽力 3. 加煤盖密封不严	1. 清完灰后及时关闭清灰门，方可正常使用 2. 清理原因所述位置积灰时，关闭助燃风机 3. 更换加煤盖密封条，保证密封效果
热风中混有烟气	热风中混有烟气	换热室被烧穿	停机，专业人员修复

四、光照控制设备常见故障诊断与排除（表11-4）

表11-4　光照控制设备常见故障诊断与排除

故障名称	故障现象	故障原因	排除方法
光照强度低	灯光暗	1. 灯管或灯罩上有灰尘 2. 灯管老化	1. 清除灰尘 2. 更换灯管
灯不亮	通电后无灯光	1. 电路保险丝烧断 2. 线路接头松动，电路线断路 3. 灯管坏了 4. 开关接头松动或坏了	1. 更换保险丝 2. 连接好接头和线路 3. 更换灯管 4. 检修或更换

五、拖拉机悬挂铲式清粪机常见故障诊断与排除（表11-5）

表11-5　拖拉机悬挂铲式清粪机常见故障诊断及排除

故障名称	故障现象	故障原因	排除方法
柴油机启动困难	无爆发声，排气管不冒	1. 油路内有空气 2. 供油拉杆卡死在不供油位置或与加速踏板连接脱落 3. 输油泵滚轮弹簧折断 4. 油路堵塞 5. 柴油滤清器堵塞	1. 逐段排除油路内空气 2. 修理 3. 更换 4. 清除堵塞 5. 清洗柴油滤清器
	有连续爆发声，排气管有柴油味，冒白烟或少量黑烟	1. 气缸密封不良 2. 柴油中有水 3. 启动供油量不足 4. 喷油压力不足 5. 喷油器雾化不良 6. 供油提前角不正确	1. 修理活塞气缸组件，检修气门 2. 重新加注合格的柴油 3. 修理 4. 更换失效的偶件或弹簧 5. 修理喷油器 6. 调整供油提前角
	启动电动机带不动柴油机	1. 蓄电池电压不足 2. 启动电路接触不良 3. 启动电机齿轮与飞轮齿圈啮合不良	1. 向蓄电瓶充电 2. 检修启动电路 3. 检修啮合机构
悬挂铲刀崩刃	悬挂铲刀出现缺口	1. 地面粪道中有石子等 2. 行走中碰到硬物	1. 清除地面粪道中石子等 2. 清除或避开硬物

故障名称	故障现象	故障原因	排除方法
悬挂铲液压升降失灵	悬挂铲升降迟缓或根本不能升降	1. 液压泵传动皮带张紧度不够 2. 液压油量不足或油泵内漏油严重 3. 滤清器、控制阀堵塞 4. 油缸连接油管压伤或漏油 5. 油路中有空气	1. 调整 2. 加油或检修 3. 清堵或更换 4. 检修 5. 排除空气
	悬挂铲升起后自动下降	单向阀密封不严	检修或更换
	悬挂铲下降不稳	1. 油路中有空气 2. 溢流阀弹簧工作不稳定	1. 排除油路空气 2. 调整或更换

离合器打滑、离合器分离不彻底、制动不良、大灯不亮等故障见养猪篇中移动式喂料车的故障排除

六、往复式刮板清粪机常见故障诊断与排除（表 11 - 6）

表 11 - 6　往复式刮板清粪机常见故障诊断及排除

故障名称	故障现象	故障原因	排除方法
清粪机电机不转	合上电源，电机不运转	1. 电源线路断开 2. 电压低 3. 电机损坏	1. 检查接通电源线路 2. 调整电压 3. 修理或更换电机
刮粪板卡死	刮板在运行中出现卡死	1. 粪道槽中有石子等 2. 粪道两边的坎墙破损 3. 牵引绳过松	1. 清除堵塞物 2. 修整后，重新启动 3. 调整牵引绳长度或调整张紧轮
清粪机无故停机	在运行中突然停机	若行程开关动作可能是滚筒上的钢丝绳叠加了，或是丝杠上的行程开关动作	根据现场情况倒转调整丝杠上的拨线器或行程开关限位板的位置
刮粪板跑偏向坑道一侧倾斜	刮板向坑道一侧倾斜	1. 牵引架与刮粪板不平行 2. 牵引绳与纵向粪沟不对中 3. 纵向粪沟宽度方向不等高 4. 转角轮中牵引绳脱落	1. 调节刮粪板两侧螺母使之与牵引架平行 2. 调整纵向粪沟两端转角轮位置 3. 修复粪沟地面使之宽度方向等高 4. 停机调整转角轮
刮粪板超越横向粪沟	刮粪板超越横向粪沟	1. 初始安装尺寸不当 2. 行程开关失灵	1. 调整安装尺寸 2. 修理或更换行程开关
刮粪不净	刮粪时刮粪不净	1. 刮粪板底部橡胶条破损 2. 粪沟地面损坏、不平、有坑洼	1. 更换刮粪板底部橡胶条 2. 修复粪沟地面

七、高压清洗机常见故障诊断与排除（表 11 -7）

表 11 -7 高压清洗机常见故障诊断与排除

故障名称	故障现象	故障原因	排除方法
指示灯报警	指示灯持续显示红色	设备电源出现问题	拔出插头，找专业人士修理
水压不足	水枪压力低或没有压力	1. 进水过滤器堵塞 2. 供水量不足 3. 管路系统内有空气和杂物 4. 喷嘴孔堵塞或磨损 5. 泵内水封损坏	1. 清洁过滤器 2. 确保水龙头、清洗机供水阀门全开和水管无堵塞 3. 排出管路系统里的空气和杂物 4. 拆下喷嘴，清洁堵塞孔或更换喷嘴 5. 更换水封
水枪出水少或水流分散	机器正常运转时，水枪不出水或者水射流不规则、分散	1. 管路系统内有空气和杂物 2. 喷嘴孔堵塞 3. 水泵流量阀未打开或坏了	1. 拆下喷嘴，启动机器用水排出系统里的空气和杂物 2. 拆下喷嘴，清洁堵塞孔 3. 打开水泵流量阀或更换
水压不稳	压力表在最大和最小之间抖动，压力不稳定	1. 进水过滤器堵塞 2. 喷嘴孔堵塞 3. 在管路系统内的杂物或空气	1. 清洁过滤器 2. 拆下喷嘴，清洁堵塞孔 3. 拆下喷嘴，启动系统用水排出杂物和空气
运行中有异响	运行中出现尖叫声	1. 电机轴承缺油或损坏 2. 高压水泵吸入了空气 3. 流量阀弹簧损坏	1. 在电机的注油孔注入普通黄油或更换轴承 2. 排除水泵内空气 3. 更换流量阀弹簧
水泵底部滴油	高压水泵底部滴油	泵内油封损坏	及时更换
润滑油变质	曲轴箱润滑油变浑浊或乳白色	高压水泵内油封密封不严或已经损坏	更换油封和润滑
清洗机跳动	高压管出现剧烈振动	阀工作紊乱	重新加压

八、三相异步电动机常见故障诊断与排除 （表 11 - 8）

表 11 - 8　三相异步电动机常见故障诊断与排除

故障名称	故障现象	故障原因	排除方法
接通电源后电机不转或启动困难	电动机不能启动且无声	1. 保险丝断 2. 电源无电 3. 启动器掉闸	1. 更换符合要求的保险丝 2. 检查电源，接通符合要求的电源 3. 合上启动器
	电动机不能启动且有"嗡嗡"声	1. 缺一相电（电源缺一相电、保险丝或定子绕组烧断一相） 2. 定子与转子之间的空气间隙不正常，定子与转子相碰 3. 轴承损坏 4. 被带动机械卡住	1. 检查线路上熔断丝某相是否断开，若有断开应接通 2. 重新装配电机，保证同轴度达到要求 3. 更换轴承 4. 检查机械部分，空载时运转应自如，无阻滞现象
	电动机转速慢	1. 电源电压低 2. 错将三角形接线接成星形 3. 定子线圈短路 4. 转子的短路环笼条断裂或开焊 5. 电动机过负荷 6. 配电导线太细或太长	1. 升高配电压 2. 按说明书要求正确接线 3. 检查排除定子线圈短路 4. 修复转子短路环笼条 5. 降低负荷 6. 配符合要求的导线
	电动机启动时保险丝熔断	1. 定子线圈一相反接 2. 定子线圈短路或接地 3. 轴承损坏 4. 被带动机械卡住 5. 传动皮带太紧 6. 启动时误操作	1. 正确接线 2. 检查排除定子线圈短路 3. 更换轴承 4. 检查排除被带动机械卡住物 5. 调整传动皮带的张紧度 6. 正确操作启动
噪声大	运转时，发出刺耳"嚓嚓"声、"呲呲"声或吼声	1. 定子与转子相擦 2. 缺相运行 3. 轴承严重缺油或损坏 4. 风叶与罩壳相擦 5. 定子绕组首、末端接错 6. 紧固螺丝松动 7. 联轴器安装不正	1. 重新装配电机使之达到同轴度要求 2. 检查排除缺相 3. 轴承加油润滑或更换轴承 4. 应校正风扇叶片和重新安装罩壳 5. 检查改正绕组首、末端接线 6. 拧紧各部螺丝 7. 校正联轴器位置对中
	轴承内有响声	1. 轴承过度磨损 2. 轴承损坏	更换轴承
	电机运行时有爆炸声	1. 线圈接地（暂时的） 2. 线圈短路（暂时的）	1. 检查排除线圈接地 2. 检查排除线圈短路
	电机无负荷时定子发热和发出隆隆声响	1. 电源电压过高，电源电压与规定的不符 2. 定子绕组连接有误	1. 调整电压，使其达到额定值 2. 正确对定子绕组接线

续表

故障名称	故障现象	故障原因	排除方法
振动大	运转时，机器会跳动	1. 紧固螺栓松动 2. 轴弯或有裂纹造成气隙不均 3. 单相运转 4. 混入杂物 5. 不平衡运转 6. 校正不好，与联轴器中心不一致等	1. 拧紧紧固螺栓 2. 校轴或换轴，重新装配电机，保证同轴度并清除杂物 3. 用电笔或万用表分别检查相断路情况，找出原因加以排除 4. 清除杂物 5. 检查清洁风扇叶片等，做好静平衡试验 6. 校正联轴器位置对中
温度升高	运转时，电机外壳温度高但电流未超过额定值	1. 环境温度过高（超过40℃） 2. 电机冷却风道阻塞 3. 电机油泥、灰尘太多影响散热 4. 电动机风扇坏或装反 5. 缺相运行	1. 环境超过40℃停机，到温度降低后操作 2. 清除冷却风道障碍物 3. 清除电机黏附的油泥、灰尘等 4. 查或更换风扇，正确按装风扇 5. 用电笔或万用表分别检查相断路情况，找出原因加以排除
	运转时，电机外壳温度高但电流增大	1. 过负荷或被驱动机械有故障、引起过载 2. 电源电压过高或过低 3. 三相电压不平衡相差太大 4. 定子绕组相间或匝间短路 5. 定子线圈内部连接有误（误将三角形接成星形，定子绕组电压降低3倍；或星形接成三角形，定子绕组电压升高3倍） 6. 启动过于频繁	1. 降低负荷 2. 调整电压，使其达到额定值 3. 调整三相电压平衡 4. 用双臂电桥测量各绕组电阻值，找出短路原因加以排除 5. 检查后按说明书要求接成星形或三角形 6. 不过于频繁启动或间隔一定时间再启动
	轴承过热	1. 润滑油过多或过少 2. 润滑油过脏或变质 3. 轴承损坏或搁置太久 4. 轴弯或定子与转子不同心 5. 电机端盖松动	1. 润滑油加至规定量 2. 更换符合要求的润滑油 3. 更换轴承 4. 校正转子轴和定子的同轴度 5. 拧紧端盖螺栓
转速低和功率不足	电机空负荷时运转正常，满载时转速和功率都降低	1. 电源电压太低，电源电压与规定不符 2. 定子绕组连接有误	1. 调整电压，使其达到额定值 2. 正确连接定子绕组线

第十二章　设施养猪装备技术维护

相关知识

一、技术维护的原则

虽然设施养牛装备种类多，其技术性能指标各异，但对总体技术状态的综合性能要求是一样的，其基本保养原则如下。

1. 技术性能指标良好

指机器各机构、系统、装置的综合性能指标，如功率、转速、油耗、温度、声音、烟色和严密性等符合使用的技术要求。

2. 各部位的调整、配合间隙正常

指农业机械各部位调整部位、各部的配合间隙、压力及弹力等应符合使用的技术要求。

3. 润滑周到适当

指所用润滑油料应符合规定，黏度适宜，各种机油、齿轮油的润滑油室中的油面不应过高或过低。油不变质，不稀释、不脏污。用黄油润滑的部位，黄油要干净，能畅通且注入量要适当。

4. 各部紧固要牢靠

指机器各连接部位的固定螺栓、螺母、插销等应紧固牢靠，扭紧力矩应适当，不松动，不脱落。

5. 应保证四不漏、五净、一完好

指垫片、油封、水封、导线及相对运动的精密偶件等都应该保持严密，做到不漏气、不漏油、不漏水、不漏电；机器各系统、各部位内部和外部均应干净，无尘土、油泥、杂物、堵塞等现象，做到机器净、油净、水净、气净和操作人员衣着整洁干净；机器各工作部件齐全有效，做到整机技术状态完好。

6. 随车工具齐全

指机器上必需的工具、用具和拭布棉纱等应配备齐全。

二、技术维护的保养周期和内容

机械的定期保养是在机器工作一定时间间隔之后进行的保养，是在班保养基础上进行的。高一号保养周期是它的低号保养周期的整数倍。

保养周期是指两次同号保养的时间间隔。保养周期的计量方法有两种：即工作时间法（h）和主燃油消耗量法（kg）。

用工作时间（h）作为保养周期的计量单位时，统计方便，容易执行，也是其他保养周期计量的基础。它的缺点是不能真实地反映拖拉机等机械的客观负荷程度。因为机器零部件的磨损程度不仅与工作时间有关，也同机器的负荷程度有关。例如在相同时间内，耕地引起的磨损比耙地严重得多，如以工作时间计算保养周期，在耕地时的保养就显得不够及时，而耙地时就显得过于频繁。

以主燃油消耗量作为保养周期，能够比较客观地反映机器的磨损程度和需要保养的程度。因为，负荷越大，单位时间内燃油消耗量越多，机器磨损量越多，保养次数越勤，保养的时间间隔就应越短。同时，又把机器空行和发动机空转的因素包括在内，再结合油料管理制度改进，就比较容易保证定期保养的进行。所以应提倡推广以主燃油消耗量计算保养周期。

三、判别电容好坏的方法

电容是帮助电动机启动的主要元器件。判别电容好坏的方法是：将电容的两根线头分别插入电源插座，将两根线头取出，进行接触，如出现火花，说明电容放电，可正常使用。

四、判断电动机缺相运行的方法

1. 转子左右摆动，有较大嗡嗡声。
2. 缺相的电流表无指示，其他两相电流升高。
3. 电动机转速降低，电流增大，电动机发热，升温快。此时应立即停机检修，否则易发生事故。

操作技能

一、湿帘风机降温设备的技术维护

1. 保养维护设备时要断开电源，并在电源开关处挂上"检查和维修保养中"的标牌，以防止他人误开电源。
2. 若湿帘在安装后能被猪触及，一般用网孔不大于 15mm×15mm 的铁丝网隔开，并离开湿帘不少于 200mm。
3. 定期清除风机内部的灰尘，特别是叶轮上的灰尘、污垢等杂质，以防止锈蚀和失衡。
4. 及时清洗、修理或更换风机百叶窗和防护网及清除蜘蛛网。
5. 每周检查一次皮带松紧度及磨损情况。
6. 轴承每月注射黄油一次。
7. 在水箱（或水池）上加盖密封，保持水源清洁，水的酸碱度应保持 pH 值在 6～9，电导率小于 1 000μΩ。加盖既可防止脏物丢入，还可避免阳光直射，减少藻类孳生。
8. 每月清洗水箱（水池）及管道等循环系统一次，以防细菌、藻类生长。每周检查一次管路有无渗漏和破损。
9. 每两周清洗一次网式过滤器，清洗后，拧紧过滤器顶盖，防止漏水，发现损坏应及时修复。
10. 定期清理湿帘表面并检查其完好性。湿帘安装时是一块一块拼接而成的，必要时可从框架内取下来清理。

湿帘表面积尘清洗的办法：最好用大量的清水冲洗，但要用常压水流而不能用高压水枪，否则会冲坏湿帘；也可用喷雾器将洗涤剂喷洒在湿帘表面，浸泡片刻，然后用常压水流冲洗，这样容易将污垢冲掉。但要注意选择的洗涤剂产品，尤其是不使用含有氯的洗涤剂。

湿帘表面水垢和藻类物清理方法：在彻底晾干湿帘后，用软毛刷上下轻刷，避免横刷（可先刷一部分，检验一下该湿帘是否经得起刷），然后只启动供水系统用常压水流冲洗。

11. 日常维护后必须检查上水阀门和电源是否复原。

12. 若风机长期不用应封存在干燥环境下，严防电机绝缘受损。在易锈金属部件上涂以防锈油，防止生锈。

13. 湿帘长时间不使用时，应用塑料膜或帆布整体覆盖外侧，防止树叶、灰尘等杂物进入湿帘纸空隙内，同时利于舍内保温；可加装防鼠网或在湿帘下部喷洒灭鼠药防止鼠害。

14. 风机首次使用时、电机故障排除后、入库保存重新安装后必须进行点动试运转，保证扇叶旋转方向应与标示箭头方向一致，如有反转情况交换任意两根线位进行调整。正反转调整好后重新开启风机观察运行有无异常，任何的异响、噪声过大，振动都是风机存在故障，应排除后运行。

15. 水泵停止使用后，要放尽水泵和管路内的剩水，并清洗干净；对底阀、弯管等铸铁件应当用钢丝刷把铁锈刷净，涂上防锈漆后再涂油漆，待干燥后再放入干燥的机房或贮存室通风保存；若用皮带传动的，皮带卸下后用温水清洗擦干后挂在干燥且没有阳光直接照射的地方；检查或更换滚珠轴承，对不需要更换的可用汽油或煤油将轴承清洗干净，涂上黄油，重新装好；螺钉螺栓用刷洗干净后涂上机油或黄油，以免锈蚀或丢失。

二、喷雾降温设备的技术维护

1. 定期清洁过滤网、传感器等。

2. 定期保养电动机和高压水泵。

3. 定期检修高压喷头。

4. 定期保养减压阀、恒温器、定时器、电磁开关等自动控制装置，并检查其灵敏度和可靠性。

三、热风炉的技术维护

1. 热风炉运行时要经常检查炉膛内是否有烧损部位，如发现有损伤部位应停炉修复后再用。

2. 经常检查热风中是否有烟气，若有烟气应立即停炉检修，修复后方可使用。

3. 定期检查、润滑风机轴承。

4. 定期清洁进、出风口。

5. 每季清洗燃烧机。方法是：拆下过滤器的滤网，用清洁的毛刷在柴油中清洁干净，轻轻拉出火焰探测器，擦净上面的油垢和积碳。

6. 每年检修采暖管道、闸阀和散热设备等。

7. 定期校正压力表、温度计、流量计等。

8. 每年保养水泵和风机等。

9. 热风炉停炉保养。热风炉停炉一般有三种情况：暂时停炉、紧急停炉和正常停炉。

（1）暂时停炉　短休、夜间或需热风炉短时间停止供热时，可采用压火的办法来解决。操作步骤是：先关闭清灰门，待热风出口温度低于55℃时再停风机。当短休结束或需热设备继续供热时，可以以最快的速度恢复正常运行。

（2）紧急停炉　运行中如果发生突然停电或热风炉发生意外故障需检修时，应紧急停炉，否则会造成设备损坏。操作步骤是：关闭电源，关闭清灰门，打开炉门，快速清理炉内燃料，让热量自由散发，严禁往炉内泼水降温。将掏出的未燃尽燃料用沙子覆盖或用水浇灭，确认燃料完全熄灭后方可离开，以防止发生火灾。

（3）正常停炉　作业结束或需长时间检修而有计划进行的停炉。

热风炉长期搁置不用时要做好防水、防潮措施。将热风炉的进出风口和烟囱口封严，关严炉门、清灰门和清渣口。炉内铺放上生石灰、煤灰等干燥剂，保持炉内干燥，使用场所湿度不得大于85%，防止电绝缘下降和金属表面锈蚀。

热风炉长期搁置以后再使用时，要对热风炉进行全面检查。查看电器部分是否工作正常，炉膛内耐火材料和炉条是否有脱落、损坏等现象，将炉内杂物清理干净，确定热风炉各部分正常后方可使用。

四、光照控制设备的技术维护

1. 每周要擦一次灯管和灯罩，以保持足够亮度。保证猪舍光照均匀，不留死角。

2. 实际使用中猪舍灯的总功率最好小于控制器所标定功率的70%。

3. 及时更换坏灯泡。

4. 控制器使用一段时间（2～3个月）后，要检查灯具、电源线的接线情况、时钟的时间、定时的程序、光敏的灵敏度、电池的好坏、手动开关的好坏等情况，有的需调整，有的需更换。

5. 定期清洁光敏探头的灰尘。

6. 勿使控制器沾染油或进水。

7. 光照控制设备的安装。

控制器要安装在干燥、清洁、无腐蚀性气体和无强烈振动的工作间内，最好不要安装在猪舍内，如因条件限制必须安装在猪舍内，经调试好后，在仪器外面套上透明塑料袋，以防潮气和粉尘进入仪器内。阳光不要直射控制器，以延长其使用寿命。有光敏探头的控制器，要将光敏探头安放在窗外或屋沿下固定，感受室外自然光，但光敏探头不能晃动、受潮。

五、拖拉机悬挂铲式清粪机的技术维护

1. 清洁悬挂铲和拖拉机。

2. 检查发动机加注燃油、润滑油、冷却水等，不足添加。

3. 定期检查调整拖拉机的气门间隙、离合器间隙、制动间隙和轮胎气压等。

4. 定期检查紧固各部件连接螺栓。

5. 定期维护保养电气和液压系统。

6. 定期进行拖拉机的一级、二级、三级维护。

六、往复式刮板清粪机的技术维护

1. 经常检查控制系统与安全系统的使用可靠性。

2. 经常清除刮粪板上的残余物，以延长机具的使用寿命。

3. 清洁盒内每半月应清理一次，并加入46#机械油。

4. 驱动系统的链条部分每月涂抹一次黄油（3 号锂基润滑脂），各轴承处三个月加一次润滑脂，减速器一般每6 个月加一次润滑油。

5. 定期检查调整传动链条或皮带的张紧度。

6. 整机系统每6 个月进行一次停机维修。

7. 按保养说明书要求定期保养电动机与蜗杆减速机。

七、高压清洗机的技术维护

1. 维修和保养前必须拔掉电源插头。作业前，必须检查所有电器盒、接头、旋钮、电缆和仪器、仪表有无损坏，开关和保护装置动作灵敏可靠。

2. 过滤器要求定期清洁。清洁步骤为：释放设备内部压力，将外盖上的螺钉卸下来，将外盖打开，使用干净的水或高压空气清洁过滤器，最后将设备重新装好。

3. 定期检查皮带松紧度和所有保护装置安全可靠、无损坏。

4. 检查拖车的支承、连接和轮（胎）等，保持其完好移动。

5. 在第一次使用 50h 后，必须换油，之后每 100h 或至少 1 年换油一次。步骤为：将外盖上的螺钉卸下来，将外盖打开，将电机外盖上前排油塞拔下来，将旧机油排到一个合适的容器中，将油塞重新塞回去，缓慢的注入新的机油，要避免机油中混有气泡。机型号及油量按产品说明书要求注入。

6. 每 3 个月对高压清洗机作一次季度检修，主要检修对象包括——检查工作油的污染度和特性值是否良好，如不正常，更换新油；检查高压喷嘴有无附着物或损伤，并作检修或更换处理；清洗和更换各种过滤器；检查软管有否发生松弛或鼓起等各种隐患；检修各种阀、接头及喷枪等零部件。

7. 每年度检修一次，主要检修对象包括——油冷却器的污染状况；油箱内表面的锈蚀状况；更换通气元件；高压缸内面的损伤状况；工作油的劣化程度；单向阀阀心与阀座的接触面的状态；高压水泵的活塞漏油状况；活塞杆的磨损和损伤状况等。

8. 定期维护加热装置。清除喷油嘴积碳，检修风机、油泵，清洗或更换滤芯器等。

9. 冬季存放时应放在不易结冰的场所，如不能保证，宜将清洁剂箱清空，将设备的水排空。

第四部分　设施养猪装备操作工——高级技能

第十三章　设施养猪装备作业准备

相关知识

一、猪消毒剂选购和使用注意事项

（一）理想消毒药应具备的条件

1. 杀菌效果好，低浓度时就能杀死微生物，作用迅速，对人及猪只无副作用。
2. 性质稳定、无异味、易溶于水。
3. 对金属、木材、塑料制品等没有腐蚀作用。
4. 无易燃性和爆炸性。

（二）选购和使用消毒剂注意事项

1. 选择消毒剂应根据猪的年龄、体质状况以及季节和传染病流行特点等因素，针对污染猪舍的病原微生物的抵抗力、消毒对象特点，尽量选择高效低毒、使用简便、质量可靠、价格便宜、容易保存的消毒剂。

2. 选用消毒剂时应针对消毒对象，有的放矢，正确选择。一般病毒对碱、甲醛较敏感，而对酚类抵抗力强，大多数消毒剂对细菌有很好的杀灭作用，但对形成芽孢的杆菌和病毒作用却很小，而且病原体对不同的消毒剂的敏感性不同。

3. 选用消毒剂要注意外包装上的生产日期和保质期，必须在有效期内使用。要求保存在阴凉、干燥、避光的环境下，否则会造成消毒剂的吸潮、分解、失效。

4. 使用前应仔细阅读说明书，根据不同对象和目的，严格按照使用说明书规定的最佳浓度配制消毒液，一般情况下，浓度越大，消毒效果越好。

5. 实际使用时，尽量不要把不同种类的消毒剂混在一起使用，防止相拮抗的两种成分发生反应，削弱甚至失去消毒作用。

6. 消毒药液应现配现用，最好一次性将所需的消毒液全部兑好，并尽可能在短时间内1次用完。若配好的药液放置时间过长，会导致药液浓度降低或失效。

7. 不同病原体对不同消毒剂敏感程度不一样，对杀灭病原体所需时间也不同，一般消毒时间越长，消毒效果越好。喷洒消毒剂后，一般要求至少保持20min以上才可冲洗。

8. 消毒效果与用水温度相关。在一定范围内，消毒药的杀菌力与温度成正比，温度增高，杀菌效果增加，消毒液温度每提高10℃，杀菌能力约增加一倍，但是，最高不能超过45℃。因此，夏季消毒效果要比冬季要强。一般夏季用凉水，冬季用温水，水温一般控制在30~45℃。熏蒸等消毒方式，对湿度也有要求，一般要求相对湿度保持在65%~75%。

9. 免疫前、后1天和当天（共3天）不喷洒消毒剂，前、后2~3天和当天，共5~7天、不得饮用含消毒剂的水，否则会影响免疫效果。

10. 应经常更换不同的消毒剂，切忌长期使用单一消毒剂，以免产生抗药性。最好每月轮换一次。

11. 消毒器械使用完毕后要用清水进行清洗，以防消毒液对其造成腐蚀。

12. 消毒后剩余的消毒液以及清洗消毒器械的水要专门进行处理，不可随意泼洒污染环境。

二、防疫消毒作业准备

1. 操作者穿戴好防护用品，进入养殖区时必须淋浴消毒、更换工作服、戴口罩。

2. 提前打扫养殖舍等环境，清洁设备，要求地面、墙壁、设备干净、卫生、无死角。

3. 喷雾消毒前应提前关闭养殖舍门窗，减少空气流动，提高养殖舍内的温度和湿度。

4. 根据猪的对象、年龄、体质状况以及季节和传染病流行等污染源的特点等因素，选择消毒剂和消毒机械。

5. 按照使用说明书要求在容器内规范配制好药液，不要在喷雾器内配制药液。

6. 配制可湿（溶）性粉剂消毒剂：

（1）计算　根据给定条件配置浓度和药液量，正确计算可湿性粉剂用量和清水用量。

（2）配制消毒液　首先将计算出的清水量的一半倒入药液箱中，再用专用容器将可湿性粉剂加少量清水搅拌棒调成糊状，然后加一定清水稀释、搅拌并倒入药液箱中。最后将剩余的清水分2~3次冲洗量器和配药专用容器，并将冲洗水全部加入药液箱中，用搅拌棒搅拌均匀。盖好药液箱盖，清点工具，整理好现场。

7. 配制液态消毒剂　本项配制的步骤与上述（6）基本相同，其不同之处在于配制母液。先用量杯量取所需消毒剂量，倒入配药桶中。再加入少许水，配制成母液，用木棒搅拌均匀，倒入药液箱中。

8. 检查消毒机械的技术状态并清洗机械。

9. 检查供水系统是否有水，舍内地面排水沟、排水口是否畅通。

10. 检查供电系统电压是否正常、线路绝缘及连接是否良好、保护开关灵敏有效。

11. 检查猪舍内其他电器设备的开关是否断开，防止漏电事故发生。

三、水中投药防治管理

选择水溶性好的预防、保健、治疗药。水剂一般优于粉剂；在条件允许的情况下，尽量采用可饮水的拌料。首先了解药物的理化性质与水质特点，对饮水进行相应处理；联合用药时注意药物的配伍禁忌；特别注意在饮水处理（投药物或维生素等）后立即以1.5~3.0Pa的压力冲洗管道，可以防止营养物质附着于水管管壁，再用含消毒剂的水浸泡2h左右可有效控制生物污染和生物膜的形成。

四、猪粪便堆肥发酵应具备的基本条件

1. 碳氮比（C/N）

微生物在新陈代谢获得能量和合成细胞的过程中，需要消耗一定量的碳和氮，一般认为堆肥 C/N 比为 25～35 最佳，如鸡粪为 7.9～10.7，因此在堆肥前应掺入一定量的锯末、碎稻草、秸秆等辅料，同时起到降低水分和使粪便疏松利于通气的作用。锯末碳氮比为 500 左右，稻草为 50 左右，麦秸为 60 左右。

2. 含水率

猪粪堆肥发酵最合适的含水率为 50%～60%。当含水率低于 30% 时，微生物分解过程就会受到抑制，当含水率高于 70% 以下时，通气性差，好氧微生物的活动会受到抑制，厌氧微生物的活动加强，产生臭气。图 13-1 为按感官判断粪便含水率的示意图。

含水率	80%水分	50%水分	30%水分
示意图	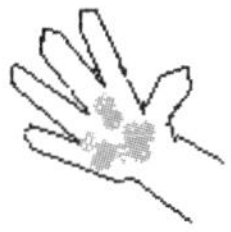	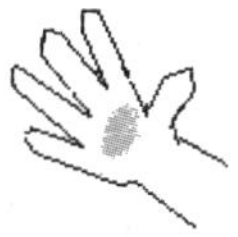	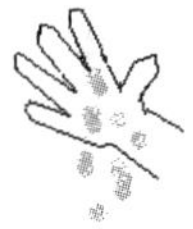
特征	太黏、粘手	可以捏成团，松手不散	太松散、捏不成团

图 13-1　用经验感官判断粪便含水率时的示意图

3. 温度

堆肥最高温度 75℃ 左右，一般保持在 55～65℃，可通过调整通风量来控制温度。

4. 通风供氧

微生物的活动与氧含量密切相关，供氧量的多少影响堆肥速度和质量。堆肥中常用斗式装载机、发酵槽的搅拌机构等设备翻动来实现通风供氧，也可通过鼓风机实行强制通风。

5. 接种剂

接种剂又名猪粪便发酵腐熟剂，其功能是加快粪便发酵速度，快速除臭、腐熟，把粪便变成高效、环保的有机肥。

五、粪便发酵腐熟度的判定方法

猪粪经过充分发酵腐熟后，由粪便（生粪）转变为有机肥（熟粪），感官判定方法如下。

（1）外观蓬松。发酵后物料颗粒变细变小，均匀，呈现疏松的团粒结构，手感松软，不再有黏性。

（2）无恶臭，略带肥沃土壤的泥腥味和发酵香味。

（3）不再吸引蚊蝇。

（4）颜色变黑，产品最终成为暗棕色或深褐色。

（5）温度自然降低。由于适合真菌的生长，堆肥中出现白色或灰白色菌丝。

（6）水分降到30%以下，堆肥体积减少 1/3 ~ 1/2。

六、设施养猪环境智能化调控简介

设施养猪环境智能化调控是利用先进的工业控制技术结合现代生物技术和工程技术来装备和调控农业生产，为设施养猪生长营造适宜的生长环境，采用工业化生产方式实现连续、高效、优质、高产、低耗的设施养猪生产。在设施养猪生产知识系统的支持下完成生产环境和生产设施的自动调节，配合用户管理平台实现对设施养猪的实时操作监控、报警、调节、管理及日常数据报表等功能。实现"分散控制，集中操作"和无人值守，减少设施养猪生产的劳动力需求并提高劳动的舒适度，大幅度提高生产效率和管理水平。

1. 智能化环境调控系统总体结构

设施养猪环境智能化调控是由多系统集成的控制平台，由硬件和软件 2 部分组成。其硬件有传感器在、传感器变换器接口、智能控制器、计算机网络、被控设备、现场总线等组成；软件上不仅要求完成设备多因素的综合调节控制，而且和设施养猪生产的不同领域相关，要求建立一不同设施养猪生产的知识和专家系统，科学全面地指导家农民对生产过程和调节和管理。总体结构主要包括以下 4 个模块。

（1）环境因子采集、转换与处理模块　其包括空气温湿度，光照、风速、CO_2、pH 值等环境因子的检测，并将采集的信号转换为计算机和操作人员可识别的量，并由计算机进行相关处理。

（2）分析与决策模块　依据设施养猪生长发育特点及对环境的要求，集成环境气候控制等专家系统或模型，实现设施养猪生长环境控制的智能化。

（3）执行模块　实现包括风机湿帘、遮阳网、天窗、侧窗、喷雾等系统的自动控制。

（4）界面与通信模块　利用现代无线通讯、网络技术等，进行设施环境的通讯和管理，实现分布式网络控制和远程管理。

设施养猪智能化环境调控系统的主要工作流程如图 13 - 2 所示，根据温室（舍）内的传感器获取的室内温度、湿度、光照度、CO_2 浓度等信息，结合控制模型生成决策方案，通过控制指令，来驱动相关的执行机构（如温室、舍天窗的电机、湿帘风机系统的电机、遮阳保温系统的电机、加热系统的电机与电磁阀、喷雾系统的电机与电磁阀等），从而对设施舍内的小气候环境进行调节控制，以达到设施养猪生长发育的最佳环境。目前，我国正从粗放型的设施养猪向着精细型的设施养猪方向发展，因而要求测量控制系统向着精确化、智能化、产业化、网络化的方向发展。

2. 智能化环境调控技术要求

（1）准确性　作为在实际生产中被应用的养猪舍智能化环境监控系统，必须能够正确地分析判断养猪的生长状况，有效的检测和控制各个环境因素的变化，故障发生率很低。

（2）经济性　对养猪舍进行综合环境调节，其最终目的是为了获得最大的经济效益。因此，作为在实际生产中被应用的养猪舍智能化环境调控系统的价格和运行机制必须合理而经济，否则无法大规模推广应用。

（3）简便性 作为设施养猪通用生产技术，养猪舍智能化环境监控系统必须要保持操作简便，通用性强，容易被从事设施养猪生产的人员掌握和利用。

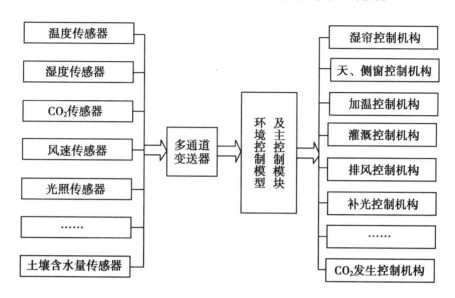

图 13 – 2 环境调控系统主要工作流程

3. 环境调控技术的发展趋势

（1）智能化 随着传感技术、计算机技术和自动控制技术的不断发展，温室计算机环境调控系统的应用将由简单地以数据采集处理和监测，逐步转向以知识处理和应用为主。因此软件系统的研制开发将不断深入完善，其中以专家系统为主的智能管理系统已取得了不少研究成果，而且应用前景非常广阔。因此近几年来神经网络、遗传算法、模糊推理等人工智能技术在温室生产中得到了不同程度的应用。

（2）网络化 目前，网络技术已成为最有活力，发展最快的高科技领域。网络通信技术的发展促进了信息传播，使设施农业的产业化程度的提高成为可能。我国幅员辽阔，气候复杂，劳动者整体素质低，可利用网络进行在线和离线服务。

（3）分布式 分布式系统通常也是分为上、下两层，上层用作系统管理，其他各种功能（测量与控制任务）主要由下层完成。下层由许多各自独立的功能单元组成，每个单元只完成一部分工作。面向对象的分布式系统，即每一个功能单元针对一个对象，每一根进线、每一根出线、每个传感器、接触器等都可作为对象。

操作技能

一、背负式手动喷雾器作业前技术状态检查

1. 检查喷雾器的各部件安装是否牢固。

2. 检查各部位的橡胶垫圈是否完好。新皮碗在使用前应在机油或动物油（忌用植物油）中浸泡 24h 以上。

3. 检查开关、接头、喷头等连接处是否拧紧，运转是否灵活。

4. 检查配件连接是否正确。

5. 加清水试喷。

6. 检查药箱、管路等密封性，不漏水漏气。

7. 检查喷洒装置的密封和雾化等性能是否技术状态良好。

二、背负式机动弥雾喷粉机作业前技术状态检查

1. 按背负式手动喷雾机技术状态检查内容进行检查。

2. 检查汽油机汽油量、润滑油量、开关等技术状态是否良好。

3. 检查风机叶片是否变形、损坏，旋转时有无摩擦声。

4. 检查轴承是否损坏，旋转时有无异响。

5. 检查合格后加清水，启动汽油机进行试喷和调整。

三、常温烟雾机作业前技术状态检查

1. 按前述检查机电及线路等共性技术状态。

2. 按检查背负机动式喷雾器技术状态内容进行检查。

3. 检查空气压缩机的性能是否完好。

4. 检查三角支架的性能是否完好。

四、螺旋挤压式固液分离设备作业前技术状态检查

1. 检查机电共性技术状态是否良好。

2. 检查机身是否处在水平状态。

3. 检查筛网是否平整。

4. 检查上、下段机身框架是否连接可靠。

5. 检查电源电压是否正常，电路线是否连接好，控制箱接地线是否可靠。

6. 检查控制箱与电机连接的电缆截面积是否能承受其工作电流，以保证电机能够正常使用。

7. 检查皮带轮与传动轴的轮是否处于同一平面。

8. 检查轴承等运动部件是否加注润滑油。

9. 检查管路连接是否良好，有无渗漏。

五、螺旋式深槽发酵干燥设备的技术状态检查

1. 检查机电共性技术状态是否良好。

2. 检查压力表状态，确认液压系统技术状态是否正常。

3. 检查固定轨道的地脚螺栓是否牢固可靠；清除轨道上杂物。

4. 检查发酵设备在轨道运行是否平稳，有无噪声，大车移动轮与轨道有无刮蹭、碰撞痕迹。

5. 检查电源线在滑轨上有无脱落现象。

6. 检查翻料螺旋磨损情况和叶片表面粪污粘结情况。

7. 检查纵向行走大车上轨道滑轮是否良好。

8. 检查发酵槽内粪便厚度是否均匀；检查长度方向上不同位置粪便腐熟程度。

9. 准备用于调节的水分、秸秆等辅料。

10. 根据发酵进程，准备移行机。

11. 在执行允许的操作之前，观察周围是否有人和物。

12. 检查物料中有无砖块、石块等影响设备使用的杂物。

13. 检查出料端粪便腐熟度情况。粪便发酵不完全就达不到无害化处理的要求，不仅会直接影响作物种子发芽，甚至会烧苗。

第十四章 设施养猪装备作业实施

相关知识

一、设施养猪消毒程序

猪场舍的消毒有舍内消毒和舍外消毒，舍内消毒有空舍消毒、带猪消毒、感染猪场消毒，舍外消毒是定期对猪舍周围、场区内及运输车辆等的消毒。

1. 空舍消毒

空舍消毒是针对"全进全出"饲养工艺的猪舍和新舍，每次猪群转出后，都要对舍内及设备和用具进行一次彻底的消毒后才能转入新猪群。目的是清除猪舍及设备上的病原微生物，切断各种病原微生物的传播链，以确保上一群猪不对下一群造成健康和生产性能上的垂直影响。对连续使用的猪舍每年至少在春秋两季各进行一次彻底的消毒。

猪场舍的消毒程序是：一喷雾消毒、二清扫、三冲洗、四消毒、五空舍。

第一步是"喷雾消毒"：先用3%~5%氢氧化钠溶液或常规消毒液进行一次喷洒消毒，如果有寄生虫须加用杀虫剂，防止粪便、飞羽、粉尘飞扬和污物扩散等污染环境。

第二步是"清扫"：一是清除剩余饲料；二是清除猪舍内垃圾和墙体、通风口、天花板、横梁、吊架等部位的灰尘积垢；三是清除舍内及其设备、用具上遗留的污物、饲料残渣；四是清除猪粪、毛等。并将其所有废弃物垃圾运出场区进行无害化处理。

第三步是"冲洗"：清扫后，用高压清洗机将舍内墙面、墙壁、顶棚、门窗、地面及其他设施等由上到下，由内向外彻底冲洗干净。

第四步是"消毒"：用2~3种不同的消毒药进行消毒。如冲洗干净后，用5%浓度的氢氧化钠等消毒液进行喷洒消毒。再用火焰消毒器对舍内地面尤其是清粪通道、离地面1.5m内的墙壁进行火焰扫烧消毒。关闭门窗，用甲醛气体进行熏蒸消毒或用其他高效消毒剂进行喷洒消毒。24h后打开门窗进行通风，以排出消毒剂的气味，也可采用风机进行强制排风。

对于开放和半开放式牛舍不能进行熏蒸消毒，可用火焰消毒器进行扫烧消毒。

第五步是"空舍"：喷洒消毒药后要空舍3~5天再进猪，让舍内自然晾干，再换一种消毒药水来喷洒，或用高锰酸钾和福尔马林熏蒸。进猪前要用清水冲洗地面、栏和食槽等设备，以免残留的消毒剂对猪造成伤害。

消毒之前必须进行冲洗作业，消毒不能代替冲洗，同样冲洗不能代替消毒。

2. 带猪消毒

带猪消毒是指在猪饲养期内，定期用一定浓度的消毒药液对猪舍内的一切物品及猪体、空间进行喷洒或熏蒸消毒，以清除猪舍内的多种病原微生物，阻止其在舍内积累，同时降低舍内空气中浮尘和氨气浓度、净化舍内空气，防止疾病的发生。

带猪消毒常用苯扎溴铵（新洁尔灭）、甲酚皂溶液（来苏儿）等对猪体无害的消毒剂，采用喷雾的方法。消毒时应将喷雾器喷头高举空中，喷嘴向上喷出雾粒，雾粒可在空中缓缓下降，除与空气中的病原微生物接触外，还可与空气中尘埃结合，起到杀菌、除尘、净化空气，减少臭味的作用，在夏季并有降温的作用。要求雾粒直径应控制在 80 ~ 100Pm，雾粒过大则在空中下降速度太快，起不到消毒空气的作用；雾粒过细则易被猪吸入肺泡，引起肺水肿、呼吸困难。

分娩舍和保育舍每 1 ~ 2 天进行 1 次带畜消毒。其他猪舍夏季每 1 ~ 2 天进行 1 次、春秋季每 3 ~ 5 天进行 1 次、冬季每 7 ~ 10 天进行 1 次消毒。

实践证明，猪喷雾消毒可有效控制猪气喘病、猪萎缩性鼻炎等，其效果比抗生素鼻内喷雾和饲料拌喂更好。

注意：不要使用常温烟雾机进行带猪消毒，以免雾粒直径过小而被猪将消毒液吸人肺部引起肺水肿，甚至诱发呼吸道疾病。

3. 感染猪场消毒

对于已经发生一般性传染病的猪场，应立即对病猪进行隔离治疗，同时迅速确定病原微生物种类，选择适宜的消毒剂和消毒液的浓度，对整个猪场进行彻底的消毒。做好严格的消毒工作是控制疫病流行、将损失减小到最低程度的关键。猪的几种主要疫病的消毒剂及使用方法见表 14 - 1。如发生口蹄疫等烈性传染病后，应立即报告上级畜禽主管部门对养殖场进行封锁和捕杀，并对全场进行彻底的消毒。疫情结束半年以后经批准方可进行新的猪养殖。

表 14 - 1　猪的几种主要疫病的消毒剂及使用方法

疫病名称	消毒剂及浓度	消毒方法	备注
口蹄疫	5% 氢氧化钠	喷雾	热消毒液效果更好
猪瘟	5% 氢氧化钠、5% 漂白粉等	喷雾	
乙型脑炎	5% 苯酚（石炭酸）、3% 甲酚皂溶液（来苏儿）等	喷雾	每天用敌百虫等毒杀蚊虫
猪流感	3% 氢氧化钠、5% 漂白粉等	喷雾	
猪伪狂犬病	3% 氢氧化钠、生石灰等	喷雾、铺撒	
猪传染性胃肠炎、猪流行性腹泻	0.5% 过氧乙酸、含氯类消毒剂等	喷雾	
大肠杆菌病（黄白痢）	2% 氢氧化钠	喷雾	
猪繁殖和呼吸障碍综合征（蓝耳病）	3% 氢氧化钠、5% 漂白粉等	喷雾	
猪细小病毒病	2% 氢氧化钠、3% 甲酚皂溶液	喷雾	
猪胸膜肺炎	3% 氢氧化钠、5% 漂白粉等	喷雾	
猪萎缩性鼻炎	3% 氢氧化钠、生石灰等	喷雾、铺撒	

猪场发生一般性传染病后，对于已经死亡的猪要在专门地点进行焚烧、深埋等无害化处理，对于发病的猪要转到隔离舍进行治疗。

对发现有病的猪舍按照下列程序进行消毒。

（1）用消毒液对整个猪舍进行喷雾消毒。

（2）喷雾消毒作用一定时间后清除病猪的排泄物，用专车将其送到指定地点进行无害化处理。

（3）冲洗。用5%氢氧化钠热消毒液冲洗地面、设备等。

（4）再次喷洒消毒液。对于因感染而空圈的猪舍，还可用甲醛等进行熏蒸消毒。对于其他猪舍和场区环境，应用特定的消毒液进行喷雾消毒。

4. 运动场消毒

猪的运动场的消毒可按以下程序进行：清扫—冲洗—喷洒消毒—进猪前冲洗地面栏和食槽等设备。

猪运动场喷雾消毒夏季每天1次，春秋季每2~3天进行1次，冬季每7天进行1次。对猪栏的运动场和猪舍墙壁、天花板，每半年要用石灰乳粉刷1次。

5. 运猪车辆的消毒

对于运输猪车车辆，每次回场或使用完毕后，要在专门的地点对其进行清洗消毒，按照清除遗留粪便→5%浓度氢氧化钠消毒液冲洗干净→再次喷洒其他消毒药液→干燥一定时间→清水冲洗→暴晒5小时以上→存放，以备下次使用的程序进行。

6. 四季灭鼠，夏季灭蚊蝇

鼠药每季度投放一次，需投对人、猪无害的鼠药。在夏季来临之际在饲料库投放灭蚊蝇药物。

二、设施养猪消毒设备

设施养猪场常用的消毒设备种类较多，按动力可分为手动、机动和电动三大类。按药液喷出原理分为压力式、风送式和离心式喷雾机等。按喷洒雾滴直径的大小分：喷洒雾滴直径大于150μm的机械称喷雾机，雾滴直径在50~150μm的称为弥雾机，把雾滴直径在1~50μm的称为烟雾机或喷烟机。养殖场常用的消毒设备有紫外线消毒灯、火焰消毒器、背负手压式、背负机动式、电动式喷雾机等。

1. 紫外线消毒灯

该灯是利用紫外线的杀菌作用进行杀菌消毒的灯具。是一种用能透过全部紫外线波段的石英玻璃作灯管的低压水银灯，灯管内充以水银和氩气。紫外线消毒灯的组成部分和接线方法与日光灯相同，只是灯管内壁不涂荧光粉。

电流通过灯丝时加热至850~950℃，水银受热后形成蒸气，灯丝发射电子，电子在电场作用下获得加速而冲击水银原子，使其发生电离并向外辐射波长为253.7nm的紫外线。该波段紫外线的杀菌能力最强，可用于对水、空气、人员及衣物等的消毒灭菌。常用的规格有15W、20W、30W和40W，电压220V。一般安装在进场大门口的人员消毒室，生产区的消毒更衣室中等。被紫外线消毒灯照射5min左右即可将衣服上所携带的细菌和病毒等杀死，照射30min左右就可以将空气中的细菌杀死。

在使用紫外线消毒灯时应注意：

（1）使用时须先通电3~10min，等发光稳定后方可应用。

（2）不可使紫外线照射到眼睛上，以免造成伤害。

（3）装卸灯管时，避免用手直接接触灯管表面，以防石英被玷污而影响其透过紫外线能力。

（4）应经常用蘸酒精的纱布或脱脂棉等擦拭灯管，以保持其表面洁净透明。

2. 火焰消毒器

火焰消毒器是一种利用燃料燃烧产生的高温火焰对猪舍及设备进行扫烧，杀灭各种细菌病毒的消毒设备。若先进行化学消毒，再用火焰消毒器扫烧，灭菌效率可达97%以上。消毒后设备和表面干燥。常用的火焰消毒器有燃油式和燃气式两种。

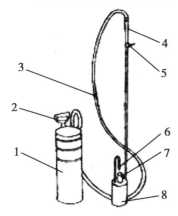

图 14 - 1　燃油式火焰消毒器结构示意图
1 - 贮油罐；2 - 提手；3 - 油管；
4 - 手柄；5 - 阀门；6 - 喷嘴；
7 - 内筒；8 - 燃烧器

燃油式火焰消毒器由贮油罐、加压提手、供油管路、阀门、喷嘴和燃烧器等组成（图14 - 1），以雾化的煤油作为燃料。工作时，反复按动提手向贮油罐打气，贮油罐充足气后打开阀门，贮油罐中的煤油经过油管从喷嘴中以雾状形式喷出，点燃喷嘴，通过燃烧器喷出火焰即可用于消毒。注意：燃料为煤油或柴油，严禁使用汽油或其他轻质易燃、易爆燃料。

燃气式火焰消毒器由管接头、供气管路、开关、点火孔、喷气嘴和燃烧器等组成（图14 - 2），以液化天然气或其他可燃气体作为燃料。工作时，将管接头接在液化气罐或沼气的阀门上，用明火对准点火孔，然后打开开关，即可通过燃烧器喷出火焰。用燃气式火焰消毒对环境的污染较轻。

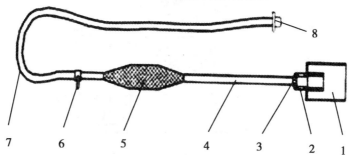

图 14 - 2　燃气式火焰消毒器结构示意图
1 - 燃烧器；2 - 点火孔；3 - 喷气嘴；4 - 金属供气管；
5 - 手柄；6 - 开关；7 - 橡胶供气管；8 - 管接头

使用注意事项：

（1）在使用前要撤除消毒场所的所有易燃易爆物，以免引起火灾。

（2）先用明火对准点火孔，然后才能打开开关，否则有可能发生燃气爆炸。

（3）未冷却的盘管、燃烧器等要避免撞击和挤压，以防因发生永久性变形而使其性能变坏。

3. 背负式手动喷雾器

背负式手动喷雾器是利用压力能量雾化并喷送药液。该机一般由药液箱、压力泵

（液泵或气泵）、空气室、调压安全阀、压力表、喷头、喷枪等喷洒部件组成。压力泵直接对药液加压的为液泵式，压力泵将空气压入药箱的为气泵式。以应用较多的工农-16型手动背负式喷雾机为例，如图14-3所示，该机是液泵式喷雾机，其结构主要由药液箱、活塞泵、空气室、胶管、喷杆、开关、喷头等组成。工作时，操作人员用背带将喷雾器背在身后，一手上下揿动摇杆，通过连杆机构作用，使活塞杆在泵筒内作往复运动，当活塞杆上行时，带动活塞皮碗由下向上运动，由皮碗和泵筒所组成的腔体容积不断增大，形成局部真空。这时，药液箱内的药液在液面和腔体内的压力差作用下，冲开进水球阀，沿着进水管路进泵筒，完成吸水过程。反之，皮碗下行时，泵筒内的药液开始被挤压，致使药液压力骤然增高，进水阀关闭、出水阀打开，药液通过出水阀进入空气室。空气室里的空气被压缩，对药液产生压力（可达800MPa），空气室具有稳定压力的作用。另一手持喷杆，打开开关后，药液即在空气室空气压力作用下从喷头的喷孔中以细小雾滴喷出，对物体进行消毒。背负式手动喷雾器1h可喷洒300～400m²。该机优点是价格低、维修方便、配件价格低。缺点是效率低、劳动强度大；药液有跑、冒、漏、滴现象，操作人员身上容易被药液弄湿；维修率高。

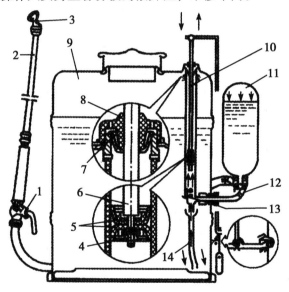

图14-3　背负式手动喷雾机

1-开关；2-喷杆；3-喷头；4-固定螺母；5-皮碗；6-活塞杆；7-毡圈；
8-泵盖；9-药液箱；10-泵筒；11-空气室；12-出液阀；13-进液阀；14-吸液管

4. 背负式机动弥雾喷粉机

该机是一种带有小动力机的高效能喷雾消毒机械。它有2种类型，一种是利用风机产生的调整气流的冲击作用将药液雾化，并由气流将雾滴运载到达目标，多用于小型喷雾机上；另一种是靠压力能将药液雾化，再由气流将雾滴运载到达目标，用于大型喷雾机上。现以应用较多的东方红—18型背负式机动弥雾喷粉机为例。

该机由汽油发动机、离心式风机、弥雾喷粉部件、机架、药箱等组成。其风机为高压离心式风机，并采用了气压输液、气力喷雾（气力将雾滴雾化成直径为100～150μm的细滴）和气流输粉（高速气流使药粉形成直径为6～10μm的粉粒）的方法将药液或粉喷洒(撒)到物体上(图14-4)。它具有结构紧凑、操作灵活、适应性广、价格低、效率高和作业质量好等优点。可以进行喷雾、超低量喷雾、喷粉等作业。

5. 机动超低量喷雾机

机动超低量喷雾机是在机动弥雾机上卸下通用式喷头换装上超低量喷雾喷头(齿盘组件),就成为超低量喷雾机。它喷洒的是不加稀释的油剂药液。工作时,汽油机带动风机产生的高速气流,经喷管流到喷头后遇到分流锥,从喷口以环状喷出,喷出的高速气流驱动叶轮,使齿盘组件高速旋转,同时将药液由药箱经输液管进入空心轴,并从空心轴上的孔流出,进入前、后齿盘之间的缝隙,于是药液就在高速旋转的齿盘离心力作用下,沿齿盘外圆抛出,与空气撞击,破碎成细小的雾滴,这些小雾滴又被喷中内喷出的气流吹向远处,借自然风力漂移并靠自重沉降到物体表面。

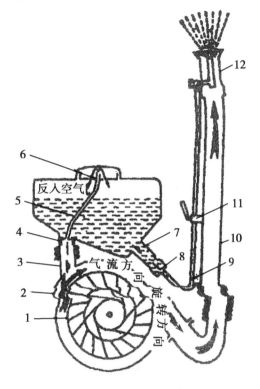

图14-4 背负式机动弥雾喷粉机喷雾工作原理图

1-叶轮组装;2-风机壳;3-出风筒;
4-进气塞;5-进气管;6-过滤网组合;
7-粉门体;8-出水塞;9-输液管;
10-喷管;11-开关;12-喷头

6. 电动喷雾机

电动喷雾器由贮液桶、滤网、联接头、抽吸器(小型电动泵)、连接管、喷管、喷头等组成。电动泵及开关与电池盒连接。工作时,电力驱动电动泵往复运动给药液施压使其雾化。其优点是电动泵压力比手动活塞压力大,增大了喷洒距离和范围,且效率高(可达普通手摇喷雾器的3~4倍)、劳动强度低、使用方便、雾化效果好,省时、省力、省药。缺点:电瓶的容电量决定了喷雾器连续作业时间的长短,品牌多型号各异。如3WD-4型电动喷雾机的主要技术参数为:220V/50Hz交流电,喷雾量0~220ml/min(可调),雾粒平均直径40~70μm,喷雾射程5m,药箱容量4L。还有一种手推车式电动喷雾机,电动喷雾机安装在手推车的支架上。作业时,机头可以上下、左右转动。

7. 常温烟雾机

常温烟雾机是在常温下利用压缩空气(或高速气流)使药液雾化成5~10μm雾滴,对猪舍进行消毒的喷雾设备。以3YC-50型常温烟雾机为例。

3YC-50型常温烟雾机由空气压缩机、喷雾和支架三大系统组成(图14-5)。空气压缩机系统包括车架、电源线、空气压缩机、电机、电器控制柜、气路系统和罩壳组成。空气压缩机系统作业时位于猪舍外,其作用是控制喷雾消毒过程和为喷雾提供气源和轴流风机电源。喷雾系统由气液雾化喷头、气液雾化系统、喷筒及导流消声系统、药箱、搅拌器、轴流风机和小电机组成。支架系统为三角形的升降机构,喷口离地高度可在 0.9~1.3m 范围内调节。

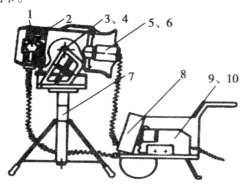

图 14-5 3Y-50 型常温烟雾机示意图

1-喷头及雾化系统；2-喷筒及导流消声系统；3-支架系统；4-药箱系统；
5-轴流风机；6-小电机；7-升降架；8-电器控制柜；9-大电机；10-空气压缩机

3YC-50 型常温烟雾机的主要技术参数为：喷气压力 0.18~0.20MPa，喷气量 0.04~0.045m²/min，喷雾量 50mL/min，大、小电机采用功率分别为 1.5kW 和 0.15kW 的 220V 单相电机。

8. 猪舍空气电净化自动防疫系统

猪舍空气电净化自动防疫系统主要由定时器、直流高压发生器、绝缘子、电极线组成，电极线通过若干绝缘子固定在屋顶天花板或粪道横梁上，将直流高压送入电极网即可形成空间电场。

猪舍空气电净化自动防疫系统的技术依靠的是空间电场防病防疫技术理论。

（1）具有直流电晕放电特点的空间电场可对空气中各成分进行库仑力净化的作用。

（2）建立空间电场的高压电极对空气放电产生的高能带电粒子和微量臭氧能对有机恶臭气体进行氧化与分解，而空间电场和高能带电粒子又能抑制恶臭气体的产生。

（3）建立空间电场的高压电极对空气放电产生的高能带电粒子和微量臭氧能对附着在粉尘粒子、飞沫上的病原微生物进行非常有效的杀灭作用。

猪舍空气电净化自动防疫系统可以除去猪舍中的粉尘，有害气体产生的恶臭，并能进行灭菌。

在系统开始工作时，空气中的粉尘即刻在直流电晕电场中带有电荷，并且受到该电场对其产生的电场力的作用而做定向运动，在极短的时间内就可吸附于猪舍的墙壁和地面上。在系统间歇循环工作期间，猪活动产生的粉尘、飞沫等气溶胶随时都会被净化清除，使猪舍空气时时刻刻都保持着清洁状态。

猪舍空气中的有害及恶臭气体主要有 NH_3、H_2S、CO_2 及酪酸、吲哚、硫醇、粪臭素等。空间电场对这些有害及恶臭气体的消除基于两个过程：

（1）直流电晕电场抑制由粪便和空气形成的气—固、气—液界面边界层中的有害及恶臭气体的蒸发和扩散，将 NH_3、H_2S、酪酸、吲哚、硫醇、粪臭素与水蒸气相互作用形成的气溶胶封闭在只有几微米厚度的边界层中。其中对 NH_3、H_2S、吲哚、粪臭素的抑制效率可达到 40%~70%。

（2）在猪舍上方，空间电极系统放电产生的臭氧和高能荷电粒子可对酪酸、吲哚、硫醇、粪臭素进行分解，分解的产物一般为 CO_2 和 H_2O，分解的效率为 30% ~ 40%。在粪道中的电极系统对以上气体的消除率能达到 80% 以上。

3DDF 系列猪舍空气电净化自动防疫系统主要用于全封闭、相对封闭的猪舍。该系统由定时器控制采用自动间歇循环工作方式，工作 15min 停 45min，循环往复。采用交流 220V 供电。

三、病死猪的处理原则和方法

1. 处理原则

（1）对因烈性传染病而死的猪必须进行焚化处理。

（2）对因一般传染病但用常规消毒方法容易杀灭病原微生物、其他疾病和伤而死的猪可用深埋法和高温分解法进行处理。

（3）在处理猪的同时将其排泄物和各种废弃物等一并处理，以免造成环境污染和疫病流行。

病死猪处理设备和设施必须设置在生产区的下风向，并离生产区有足够的卫生防疫安全的距离。

2. 处理方法

病死猪处理方法主要有深埋处理、腐尸坑、高温分解处理、焚化处理 4 种。

（1）深埋处理 深埋处理是传统的病死猪处理方法。具体做法见操作技能。其优点是不需要专门的设备，简单易行。缺点是易造成环境污染。因此，深埋地点应选择远离水源、居民区和道路的僻静地方，并且在养殖场的下风向，离养殖区有一定的距离。要求土质干燥、地下水位低，并避开水流、山洪的冲刷。地面距离尸体上表面的深度不得小于 2.0m。

（2）腐尸坑 腐尸坑也称生物热坑，用于处理在流行病学及兽医卫生学方面具有危险性的病死猪尸体。一般坑深 9 ~ 10m，内径 3 ~ 5m，坑底及壁用防渗、防腐材料建造。坑口要高出地面，以免雨水进入。腐尸坑内猪尸体不要堆积太满，每层之间撒些生石灰，放入后要将坑口密封一段时间后，微生物分解猪所产生的热量可使坑内温度达到 65 ℃以上。经过 4 ~ 5 个月的高温分解，就可以杀灭病原微生物，尸体腐烂达到无害化，分解物可作为肥料。

（3）高温分解处理 高温分解法处理病死猪一般是在大型的高温高压蒸汽消毒机（湿化机）中进行。高温高压蒸汽使尸体中的脂肪熔化，蛋白质凝固，同时杀灭病原微生物。分离出的脂肪可作为工业原料，其他可作为肥料。适合于大型的养殖场。

（4）焚化处理 病死猪焚化处理一般在焚化炉内进行。通过燃料燃烧，将病死的猪等化为灰烬。这种处理方法能彻底消灭病原微生物，处理快而卫生。

四、液态粪污处理设备种类及组成

液态粪污常用的处理设备有固液分离设备、生物处理塘、氧化沟和沼气池等。

（一）固液分离设备种类和组成

该设备进行固液分离是利用两种工作原理：一是利用比重不同进行分离，如沉淀和离心分离；二是利用颗粒尺寸进行分离，如各种振动筛滤式、螺旋挤压式和离心回转式等组合式固液分离设备。

1. 离心分离机

粪污中的水和粪便的密度不同，经过离心分离机的旋转，将产生不同的离心力而分开。分离后粪便的含水率为67%～70%。离心分离机种类较多，图14-6所示的是一种典型的卧式螺旋离心分离机。在外罩内设外转筒和内转筒。内转筒上（进料管的外转筒部位）有孔，转筒内设喂入管，被分离的液粪可从喂入管喂入并通过内转筒的孔进入外转筒。内转筒外有螺旋叶片和外转筒内壁相配合。内转筒和外转筒沿同一方向转动，但内转筒转速比外转筒转速低1.5%～2%。液粪进入外转筒后，在离心力作用下被甩向外转筒内壁。固体颗粒密度较大而沉积在外转筒内壁，并被螺旋推向图中右端的锥形端排出，而液体部分则被进入的液粪挤向图中的左端排出。液粪的通过量愈小，固态部分的含水率也愈小，也即脱水效果愈好。

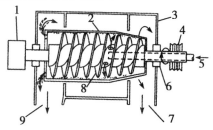

图14-6 卧式螺旋离心分离机结构示意图

1-差速齿轮箱；2-外转筒；3-外壳；4-主驱动轮；5-进料管；
6-轴承；7-固体排出口；8-螺旋叶片；9-液体排出口

2. 螺旋挤压式固液分离设备

螺旋挤压固液分离设备由分离筛、螺旋挤压机、控制箱、泵和管道、输送带、液位开关、气动蝶阀、平衡槽等组成。它能将猪原粪水分离为液态有机肥和固态有机肥。液态有机肥可直接用于农作物利用吸收，固态有机肥可运到缺肥地区使用，亦可起到改良土壤结构的作用，同时经过发酵可制成有机复合肥等。其特点是：体积小，安装维修方便，操作简单，脱水效果好，工作稳定可靠，动力消耗低，费用省，自动化水平高，日处理量大，效率高，全封闭，环保卫生，可适合连续作业；其关键部件选用不锈钢材料制成，不易腐蚀。

（1）**分离筛（筛网）** 筛网是整套设备里面最主要也是起关键作用的部件。其主要作用是把固体和液体进行分离。筛网在每次使用完毕之后，都要采用自动化洗清装置或高压清洗枪进行冲洗，防止细微颗粒物把筛网的空隙堵塞了。

（2）**螺旋挤压机** 该机将经过筛分后的污粪进行挤压，进一步达到固液分离的目的，确保粪的干燥度。挤压后的沼渣含水率小于40%。该机由弹簧式排放门、排水管、料斗、滚动式挤压四大部分构成。

（3）**控制箱** 控制箱控制整个旋转挤压部分，所有受控电路、气路都是由控制箱来完成，在控制箱里可以完成高、低压的相互转换，还可以实现各种程序的自动化控制。

（4）泵和管道　完整的固液分离系统应配带泵与主机相连的输送管，其安装如图14-7所示。将输送管分别套在泵（A出口）输送口和分离机上料口（A进口），并用紧固卡紧固。然后再将排污管连接在分离液排放口（B出口），另一头放到粪池中。分离液排放口在分离机下面图14-7（C出口）。

固液分离配套泵的安装位置也要依据泵的压力来计算合适的距离。距离太大会导致粪水混合物输送不到筛网的顶部，而导致设备无法正常运行；如果距离太近会导致管路的压力过大而裂开。要定期的对泵进行维护和保养。

C口为分离后液体排出口，将排污管道链接此口。另一头链接沼气池或沉淀池，运行后分离处液体由此排出

（a）安装示意图1　　　　　　（b）安装示意图2

图14-7　固液分离系统管道安装示意图

（5）输送带　输送带的作用是把前面两级固液分离的粪渣输送到远处，增大粪渣的储存空间，提高固液分离系统的利用率，其安装倾角为30°。

（6）配套工艺设施　①集粪池。其主要功能是收集粪污水，调节水量，保证后续固液分离机的稳定运行。集粪池内安装有搅拌机和切割泵，搅拌机主要是将粪便和污水搅拌调节均匀后，以保证泵输送的顺畅和固液分离机的正常运行。②机电液位仪（图14-8）。根据集粪池高、中、低液位，使切割泵随池内液位高度实现自动开启或停止，并继而实现固液分离机的自动运行和关闭。③潜水搅拌机（图14-9）。该设备主要用于对粪污混合液进行混合、搅拌和环流，为切割泵和固液分离机创造良好的运行环境，提高泵送能力，有效阻止粪污中悬浮物在池底的沉积，避免对管路造成阻塞，从而提高整个系统的处理能

图14-8　机电液位仪

力和工作效率。搅拌机整体采用铸铁材料，叶轮和提升系统为不锈钢材质，耐腐蚀性强，适合用在杂质含量较高的畜牧场粪污前期处理中。④切割泵（图14-10）。PTS系列潜水切割泵配有先进的多流道叶轮，使切割泵能把集粪池中的粪渣、稻草、浮渣、塑料制品以及纤维状物体切碎并顺利抽出，无须人工去清理池中的浮渣和悬浮物，有效降低了管路堵塞的几率，避免了常规处理中定期清池、清理管路的麻烦，节省了人工管理的费用，同时也为固液分离机创造了一个稳定的工作环境。切割泵采用自耦式安装系统，安装、拆卸方便，在不必排空池水的情况下，即可实现设备的安装、检修。

图 14 - 9　潜水搅拌机

图 14 - 10　切割泵

该设备的特点是：肥料分离效果好，工作稳定可靠，关键部件选用不锈钢材料制成，操作简单，维修方便，费用省，效率高，干物料自动排出，可自动化控制或连续作业。适合于猪养殖场粪便等物料的脱水再利用。

（二）生物处理塘

生物处理塘简称生物塘，是一种利用天然或人工整修的池塘进行液态粪生物处理的构筑物。在塘中，液态粪的有机污染物质通过较长时间的逗留，被塘内生长的微生物氧化分解和稳定化，故生物塘又称氧化塘或稳定塘。

（三）氧化沟

氧化沟主要用于猪舍，往往直接建在猪舍的地面下，如图 14 - 11 所示。液粪先通过条状筛，以防大杂物进入，然后进入氧化沟。氧化沟是一个长的环形沟，沟内装有绕水平轴旋转的滚筒，滚筒浸入液面 7 ~ 10cm，滚筒旋转时叶板不断打击液面，使空气充入粪液内。由于滚筒的拨动，液态粪以 0.3m/s 的速度沿环形沟流动，使固体悬浮，加速了好氧型细菌的分解作用。氧化沟处理后的液态物排入沉淀池，沉淀池的上层清液可排出，或在必要时经氯化消毒后排出。沉淀的污泥由泵打入干燥场，或部分泵回氧化沟，以有助于氧化沟内有机物的分解。一般情况下，氧化沟内的污泥每年清除 2 ~ 4 次。氧化沟处理后的混合液体也可放入贮粪池，以便在合适的时间洒入农田。

五、固态粪便的处理

猪场固态粪便处理，一般是将猪粪晒干（或烘干）后做垫床料和进行好氧堆肥发酵处理。常用的粪便好氧发酵设备有塔式发酵干燥、旋耕式浅槽发酵干燥和螺旋式深槽发酵干燥设备（图14－12）等，都属于好氧发酵，尤以采用深槽发酵形式居多。

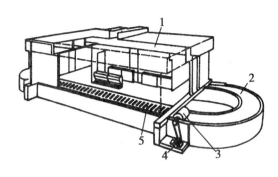

图14－11 氧化沟结构示意图
1－猪舍；2－氧化沟；3－滚筒；
4－电机；5－缝隙地板

（一）塔式发酵

其主要工艺流程是把猪粪与锯末等辅

图14－12 发酵塔（左）和螺旋式深槽发酵干燥设备（右）

料混合，再接入生物菌剂，由提升机将其倒入塔体顶部，同时塔体自动翻动通气，通过翻板翻动使物料逐层下移，利用生物生长加速猪粪发酵、脱臭，经过一个发酵循环过程后（处理周期5～7天），从塔体出来的就基本是产品。发酵塔进料水分为55%～60%，发酵塔出料水分为15%～35%（根据生产控制）。这种模式具有占地面积小，污染小，自动化程度高，从有机物料搅拌接种、进料、铺料、翻料到干燥，出料全部自动运作，并能连续进料、连续出料，工厂化程度高的优点。但它现在存在的问题是：目前工艺流程运行不畅，造成人工成本大增。设备的腐蚀问题较严重，制约了它的进一步发展。

（二）发酵槽发酵

浅槽发酵干燥和深槽发酵干燥设备均由3部分构成，即发酵设备、发酵槽和大棚（温室）。发酵设备放置于发酵槽上，温室（大棚）将二者包容。发酵设备的功能是翻动物料，为好氧发酵提供充足的氧气，并使物料从发酵槽的进料端向出料端移动；发酵槽的功能是贮存物料；大棚（温室）的功能是保温和利用太阳能为物料加温，还可以做临时储存用，一是雨水季节，避免了粪水漫流成河，二是农民施肥具有一定的周期性，粪便卖不出去时临时储存。下面以螺旋式深槽发酵干燥设备为例。

1. 螺旋式深槽发酵设备的组成

螺旋式深槽发酵干燥设备主要由纵向行走大车、横向移动小车、翻料螺旋、主电缆、液压系统、电控柜组成（图14-13）。多槽使用时，配有转槽装置（也称转运车）。

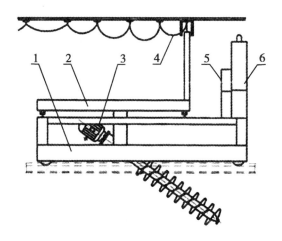

图14-13 螺旋式深槽发酵干燥设备结构示意图
1-纵向行走大车；2-横向移动小车；3-翻料螺旋；4-主电缆；5-液压系统；6-电控柜

该设备是利用塑料大棚中形成的温室效应，充分利用太阳能来对粪便进行干燥处理。一般大棚长度60~90m，宽度根据发酵槽数量确定，发酵槽宽6m左右，两侧为混凝土矮墙，高70cm左右，上装有导轨，在导轨上装有移动车和搅拌装置，含水率70%左右的粪便从大棚一端卸入槽内，搅拌装置沿导轨在大棚内呈横向和纵向反复行走，翻动、推送粪便，当粪便被推到大棚另一端时，含水率已经降至30%左右，整个发酵处理过程30天左右。利用微生物发酵技术，将猪粪便经过多重发酵，使其完全腐熟，并彻底杀死有害病菌，使粪便成为无臭、完全腐熟的活性有机肥，从而实现猪粪便的资源化、无害化、无机化；同时解决了畜牧场因粪便所产生的环境污染。

2. 螺旋式深槽发酵设备的特点

螺旋式深槽发酵干燥设备可实现物料的混合、翻搅和出料的全自动操作，替代相关工序的人工操作，改善工作条件，减轻劳动强度。主要特点为：发酵料层深达1.5~1.6m，处理量大；物料含水率调节至50%~60%，发酵最高温度可达70℃左右；发酵干燥周期30~40天，产品含水率为25%~30%；发酵彻底，产品达到无害化要求，无明显臭味；设备自动化程度高，可实现全程智能操作；设备使用寿命长，易损件少，更换方便；节省能源，生产成本低；单槽日处理10~15m³，可多槽共用一台设备；利用加温设施，不受天气影响，实现一年四季连续生产。

3. 面板操作按钮和开关（图14-14）

（1）总电源开关 位于机箱（面对操作面板）右侧，当该开关处"合"的位置，强电系统通电。当该开关处"分"的位置时，强电系统断电。处于手动工作模式时，遇紧急情况可直接将总电源扳到"分"的位置，使系统断电即可。

（2）紧急停止按钮 该按钮位于机箱（面对操作面板）左侧，具有机械自锁功能，当系统发生故障或出现紧急情况时，将该按钮按下，系统操作全部停止。当故障排除或紧急情况解除，操作者需按箭头标识的方向旋至尽头，使该按钮释放，方可继续执行指

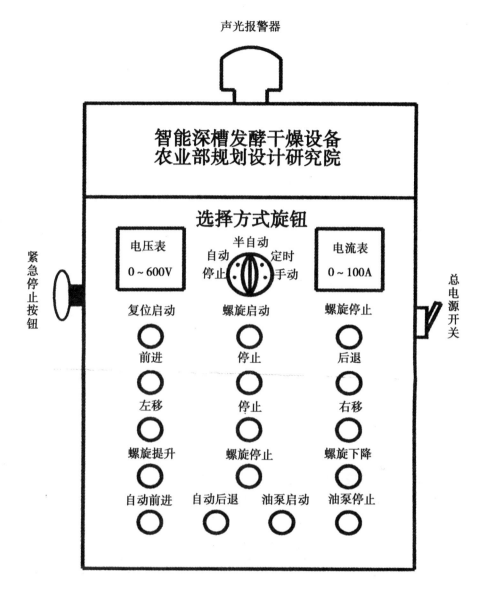

声光报警器

智能深槽发酵干燥设备
农业部规划设计研究院

选择方式旋钮

电压表
0～600V

半自动
自动　　定时
停止　　手动

电流表
0～100A

紧急停止按钮

总电源开关

复位启动　　螺旋启动　　螺旋停止

前进　　　　停止　　　　后退

左移　　　　停止　　　　右移

螺旋提升　　螺旋停止　　螺旋下降

自动前进　　自动后退　　油泵启动　　油泵停止

图 14 – 14　深槽发酵干燥设备控制面板

定的操作。

　　该紧急停止按钮仅对自动、定时，半自动前进、后退起作用。手动时，该按钮无效。

　　（3）复位按钮　严格说应称为复位/启动按钮，具有初始化逻辑控制模块的作用，控制系统要求每完成一种工作模式的操作后，若重复或更换成其他模块应先给予一次复位。

　　（4）旋钮开关　用于五种工作模式的选择、定义。对此开关操作前，应先使复位按钮有效。

　　（5）涉及自动工作模式下的按钮　一是复位按钮。二是紧急停止按钮。

　　（6）涉及手动模式下的按钮　一是油泵启动、油泵停止按钮；按油泵启动按钮，油泵启动；按油泵停止按钮，整个系统停止。二是翻料螺旋启动、停止按钮；按翻料螺旋启动按钮，翻料螺旋电机启动；按翻料螺旋停止按钮，翻料螺旋电机停止。三是横向移动小车左移、停止、右移按钮；左移按钮有效时，横向移动小车持续左移；右移按钮有效时，横向移动小车持续右移。按停止按钮，横向移动小车停止移动。四是纵向行走大车前进、停止、后退按钮；大车前进按钮有效时，纵向行走大车持续前进；大车后退按钮有效时，纵向行走大车持续后退；按停止按钮，纵向行走大车停止前进或后退。五是翻料螺旋提升、下降、停止按钮翻料螺旋提升按钮有效时，翻料螺旋持续上升；翻料螺旋下降按钮有效时，翻料螺旋持续下降；按翻料螺旋停止按钮，翻料螺旋停止上升或下降。六是总电源开关；当总电源开关处于"合"的位置，设备通电；处于"分"的位置，设备失电，所有操作均无效。由于总电源开关为空气开关，所以当系统因故障导致电流过大时，总电源开关具有自动断电的功能。

4. 注意事项

（1）按钮有效，按钮灯亮；按钮无效，按钮灯熄灭。

（2）当人工操作或自动操作达到限位时，均会自动停止，只有反方向的操作才能响应，脱离限位。

操作技能

一、操作背负式手动喷雾器进行消毒作业

1. 操作人员进入养殖区时必须穿戴好防护用品，并淋浴消毒、更换工作服、戴口罩。

2. 检查调整好机具。正确选用喷头片，大孔片流量大雾滴粗，小孔片则相反。

3. 往喷雾器加入药液。要先加三分之一的水，再倒入药剂，后再加水达到药液浓度要求，但注意药液的液面不能超过药箱安全水位线。加药液时必须用滤网过滤，注意药液不要散落，人要站在上风加药，加药后要拧紧药箱盖。

4. 初次装药液，由于喷杆内含有清水，需试喷雾 2~3min 后，开始使用。

5. 喷药前，先扳动摇杆 10 余次，使桶内气压上升到工作压力。扳动摇杆时不能过分用力，以免气室爆炸。

6. 喷药作业。一是消毒顺序：按照从上往下、从后往前、由舍里向舍外的顺序。即先房梁、屋面、墙壁、笼架、最后地面的顺序；从后往前，即从猪舍由里向外的顺序。二是采用侧向喷洒，即喷药人员背机前进时，手提喷管向一侧喷洒，一个喷幅接一个喷幅，并使喷幅之间相连街区短的雾滴沉积有一定程度上的重叠，但严禁停留在一处喷洒。三是消毒方法。喷雾时将喷头举高，喷嘴向侧上以画圆圈方式先里后外逐步喷洒，使雾粒在空气中呈雾状慢慢飘落，除与空气中的病原微生物接触外，还可与空气中的尘埃结合，起到杀菌、除尘、净化空气、减少臭味的作用。若是敞开式舍区，作业时根据风向确定喷洒行走路线，走向应与风向垂直或成不小于 45° 的夹角，操作者在上风向，喷射部件在下风向，开启手把开关，立即按预定速度和路线边前进边扳动摇杆，喷施时采用侧向喷洒。操作时还应将喷口稍微向上仰起，并离物体表面 20~30cm 高，喷洒幅宽 1.5m 左右，当喷完第一幅时，先关闭药液开关，停止扳动摇杆，向上风向移

动，行至第二宽幅时再扳动摇杆，打开药液开关继续喷药。

7. 结束清洗喷雾器。

（1）工作完毕，应对喷雾器进行减压，再打开桶盖，及时倒出桶内残留的药液，并换清水继续喷洒 2～5min，清洗药具和管路内的残留药液。冲洗喷雾器的水不要倒在消毒物品或消毒地面上，以免降低局部消毒药液的浓度。

（2）卸下输药管、拆下水接头等，排除药具内积水，擦洗掉机组外表污物。

（3）放置在通风干燥处保存。

8. 作业注意事项：

（1）消毒液配制前必须了解选用消毒药剂的种类浓度及其用量。应先配制溶解后再过滤装入喷雾器中，以免残渣堵塞喷嘴。

（2）药物不能装得太满，以八成为宜，避免出现打气困难或造成筒身爆裂。

（3）喷雾时喷头切忌直对猪头部，喷头应距离猪体表面 60～80cm，喷雾量以地面、舍内设备和猪体表面微湿的程度为宜。

（4）喷雾雾粒应细而均匀，雾粒直径应为 80～120μm，雾粒过大则在空中下降速度太快，起不到消毒空气的作用，还会导致喷雾不均匀和猪舍潮湿；雾粒过小则易被猪吸入肺中，引起肺水肿、呼吸困难等呼吸疾病。

（5）喷雾时尽量选择在气温较高时进行，冬季最好选在 11:00～14:00 进行。

（6）喷雾消毒时间最好固定，且应在暗光下进行，降低猪的应激。

（7）带猪消毒会降低舍内温度，冬季应先适当提高猪舍温后再喷药（最好不低于 16℃）。

（8）猪接种疫苗期间前后 3 天禁止喷雾消毒，以防影响免疫效果。

（9）猪舍喷雾消毒后应加强通风换气，便于猪体表、舍内设备和墙壁、地面干燥。

（10）消毒次数根据不同养殖对象的生长状况、季节和病原微生物的种类而定。

二、操作背负式机动弥雾喷粉机进行消毒作业

1. 操作人员消毒防护措施同上。

2. 按照使用说明书的规定检查调整好机具，使药箱装置处于喷液状。如汽油机转速调整：（油门为硬连接）按启动程序启动喷雾机的汽油机，低速运转 2～3min，逐渐提升油门至操纵杆上限位置，若转速过高，旋松油门拉杆上的螺母，拧紧拉杆下面的螺母；若转速过低，则反向调整。

3. 加清水进行试喷。

4. 添加药液。加药液时必须用滤网过滤，总量不要超过药箱容积的四分之三，加药后要拧紧药箱盖。注意药液不要散落，人要站在上风加药。

5. 启动机器。启动汽油机并低速运转 2～3min，将机器背上，调整背带，药液开关应放在关闭位置，待发动机升温后再将油门全开达额定转速。

6. 喷药作业。消毒顺序、路线、方法、方向和速度同手动喷雾器作业。其喷洒幅宽 2m 左右，当喷完第一幅时，先关闭药液开关，减小油门，向上风向移动，行至第二宽幅时再加大油门，打开药液开关继续喷药。

7. 停机操作。停机时，先关闭药液开关，再减小油门，让机器低速运转 3～5min

再关闭油门，汽油机即可停止运转，然后放下机器并关闭燃油阀。切忌突然停机。

8. 清洗药机。

（1）换清水继续喷洒2~5min，清洗泵和管路内的残留药液。

（2）卸下吸水滤网和输药管，打开出水开关，将调压阀减压，旋松调压手轮，排除泵内积水，擦洗掉机组外表污物。

（3）严禁整机浸入水中或用水冲洗。

9. 作业注意事项：

（1）机器使用的是汽油，应注意防火，加完油将油箱盖拧紧。严禁在机旁点火或抽烟，作业中须加油时必须停机，待机冷却后再加油。

（2）开关开启后，随即用手左右摆动喷管，增加喷幅，前进速度与摆动速度应适当配合，以防漏喷影响作业质量。严禁停留在一处喷洒，以防引起药害。

（3）控制单位面积喷量。除用行进速度调节外，移动药液开关转芯角度，改变通道截面积也可以调节喷量大小。

（4）由于喷雾雾粒极细，不易观察喷洒情况，一般情况下，只要叶片被喷管风速吹动，证明雾点就达到了。

（5）作业中发现机器运转不正常或其他故障，应立即停机，关闭阀门，放出筒内的压缩空气，降低管道中的压力，进行检查修理。待正常后继续工作。

（6）在喷药过程中，不准吸烟或吃东西。

（7）喷药结束后必须要用肥皂洗净手、脸，并及时更换衣服。

三、操作背负式机动弥雾喷粉机进行喷粉作业

1. 穿戴好防护用品，同上。

2. 按照使用说明书的规定调整机具，使药箱装置处于喷粉状态。如粉门的调整：当粉门操作手柄处于最低位置，粉门仍关不严，有漏粉现象时，用手扳动粉门轴摇臂，使粉门挡粉板与粉门体内壁贴实，再调整粉门拉杆长度。

3. 粉剂应干燥、不得有杂草、杂物和结块。不停机加药时，汽油机应处于低速运转，关闭挡风板及粉门操纵手把，加药粉后，旋紧药箱盖，并把风门打开。

4. 背机后将手油门调整到适宜位置，稳定运转片刻，然后调整粉门开关手柄进行喷施。

5. 在林区喷施注意利用地形和风向，晚间利用作物表面露水进行喷粉较好。

6. 使用长喷管进行喷粉时，先将薄膜从摇把组装上放出，再加油门，能将长薄膜塑料管吹起来即可，不要转速过高，然后调整粉门喷施，为防止喷管末端存粉，前进中应随时抖动喷管。

7. 停止操作和清洗药机：方法同喷洒液态消毒剂，只是关闭的粉门。

四、操作常温烟雾机进行消毒作业

1. 要仔细阅读使用说明书，并严格按照操作规程进行操作。

2. 首先要关闭门窗，以确保消毒效果。

3. 在喷药前，将喷雾系统和支架置于舍内中间走道（若无中间走道则置于舍内中

线）、离门 5m 左右的地方，调节喷口高度离地面 1m 左右，喷口仰角 2°~3°。

4. 配制好的消毒药液必须通过过滤器注入药箱，以免堵塞喷嘴。工作时药箱要与支架锁定。

5. 接通电源开关、电机开关。打开药液开关。

6. 工作时工作人员在舍外监视机具的作业情况，不可远离，发现故障应立即停机排除。

7. 严格按喷洒时间作业，一般 300m 长的猪舍喷洒 30min 左右即可。

8. 停机时先关空气压缩机，5min 后再关轴流风机，最后关漏电开关。

9. 喷洒消毒药物后，猪舍的门窗要密闭 6h 以上。

10. 一栋舍喷洒完消毒药物后，将喷雾系统和支架置移出（切记不可带电移动）装车转移到其他舍继续作业。

11. 所有作业完成后要将机具清洗。先将吸液管拔离药箱，置于清水瓶内，用清水喷雾 5min，以冲洗喷头、管道。用专用容器收集残液，然后清洗药箱、喷嘴帽、吸水滤网和过滤盖。擦净（不可用水洗）风筒内外面、风机罩、风机及其电机外表面、其他外表面的药迹和污垢。

12. 作业注意事项

常温烟雾机不可用于带猪消毒，以免猪吸入烟雾后引起呼吸道疾病。

五、操作电动喷雾器进行消毒作业

1. 充电。购机后立即充电，将电瓶充满电。因为电瓶出厂前只有部分电量，完全充满后方可使用。一般充电时间为 5~8h，耗电仅几分钱。因为充电器具有过充电保护功能充满后自动断电，不会因为忘记切断电源长时间（几天几夜）过充电而损伤电瓶。

2. 充电时，必须使用专用的充电器，与 220V 电源连接。充电器红灯亮，表示正在充电。充电器绿灯亮，表示充电基本完成，但此时电量较虚，需要再充 1~2 个 h 才能真正充满。

3. 喷雾器配有单喷头、双喷头，使用时根据物体形状的不同，选用不同的喷头。例如：喷较高的屋面，可以使用喷雾器的药桶也可以利用大水罐放在地上，配 20~30m 的长水管喷药，本身喷的水雾可以高达 7~8m，把喷杆加长可以喷到十几米以上。如果喷施面积较大，可以另备一只更大容量的电瓶，打开活门就可以更换。

4. 必须使用干净水，慢慢加入，添加药液时必须使用喷雾器配有的专用过滤网。

5. 喷药方法参见机动弥雾机作业。

6. 每次使用要留一定的电，不然就会亏电，用完后（无论使用时间长短）回家立即充电，这样可以延长电瓶的寿命。

7. 清洗，加一些清水让它喷出去，可减少农药对水泵的腐蚀。

8. 如果喷雾器长时间不用（农闲时），一般二三个月充一次电，保证电瓶不亏电，这样可以延长电瓶的寿命。

六、进行病死猪的深埋处理作业

1. 在远离场区的下风地方挖 2m 以上的深坑。
2. 在坑底撒上一层 100～200mm 厚的生石灰。
3. 然后放上病死猪，每一层猪之间都要撒一层生石灰。
4. 在最上层死猪的上面再撒一层 200mm 厚的生石灰，最后用土埋实。

七、操作螺旋挤压式固液分离设备进行作业

（一）设备安装

1. 安装工具

该设备安装过程中需如下工具：电流表、吊装车、电工工具一套、冲击钻、氧气乙炔、电焊机、活动和固定扳手一套、板车或推车、游标卡尺、卷尺和画笔。

2. 安装步骤

固定螺旋挤压设备的位置；连接相关的管道；焊接电控箱的支架；固定电控箱；连接电路；调试与运行。

3. 安装技术要点

（1）支架的安装以现场的实际情况而定，必须保证设备能正常的运行。

（2）设备定位准确，所有固定螺栓必须非常紧固。

（3）所有的管路连接件，必须用相应的胶合剂把其粘合在一起。

（4）保证安装电路的电压是设备所需的额定电压。

（5）螺旋挤压部件要固定在传送装置上面，这样污粪才能被传送到挤压装置内部。

（6）电气的安装应规范操作，接线牢固可靠；设备必须使用规定的线接地，通电之前认真核对。

（7）通电前检查电源是否符合要求，确保设备电源处在三级保护的前提下给设备通电。当电机旋转方向不符合要求时，调整电源相序。

（8）试运行时先设定操作面板的各项参数，确认无误后启动设备，观察设备运行情况，并对参数进行调整，确认设备正常工作后，记录参数和交付验收。

（二）作业实施

1. 检查机器技术状态合格后，启动驱动电机。
2. 检查设备运行是否有异常声音；电机电流是否正常，是否缺相。
3. 调整悬臂下部钢丝绳拉紧力度，以达到要求的物料干燥度。
4. 调整进料量。
5. 检查筛网是否正常振动。
6. 观察物料是否含有砖头、石块、铁丝、木头和塑料膜等杂物，是否不处于冻冰、结块状态。
7. 调整空气弹簧进气压力，以达到要求的物料干燥度。
8. 观察脱水器出料是否顺畅，湿度是否合适。如出料太慢则物料含水量低但处理量不足，如太快则处理量足但含水率高，分离效果不好。
9. 观察平衡槽高低液位开关是否有效，溢流管高度是否合适。调节进料量与处理

量使其大致平衡，以达到设备工作平稳，分离效果稳定。

10. 注意事项：

（1）机器启动和运转时，儿童和无关人员远离该设备和与设备相关的地点。严禁将手或身体的其他部位伸进传动带/传送装置中去。

（2）维修期间，所有开关始终保持关闭状态。

（3）紧急情况下，迅速关闭控制箱上面的电源。

八、操作螺旋式深槽发酵干燥设备进行作业

（一）粪便发酵工艺过程

1. 准备原料。根据猪粪与辅料（锯末、粉碎后的秸秆等）的碳氮比、含水率进行合理配比，调节发酵物料水分。

2. 将准备好的发酵物料放入发酵槽。

3. 启动螺旋式深槽发酵干燥设备，使发酵物料在发酵槽内前后、左右移动，进行搅拌，同时将物料从进料端逐渐向出料端输送。

4. 粪便发酵完毕，猪粪转变为有机肥，出槽装袋或进行深加工。

（二）操作手动模式进行作业

该设备有手动、半自动、自动3种工作模式。在需要改变工作模式旋动旋钮开关前，一定先按下复位按钮，以避免造成因旋钮触点临时过渡接触，造成不必要的误操作。在操作前应观察翻料螺旋周围是否有人或物。操作者最好远离机器进行操控。

1. 手动模式的操作方法

该模式主要用途是在设备安装调试阶段或智能控制器发生故障时，作为一种临时操作手段，一般情况下不使用。其具体操作方法如下：

（1）将紧急停止按钮拧开。

（2）将模式选择旋钮开关拨至手动位置。

（3）合上总电源开关。

（4）油泵的启动与停止：按下绿色油泵启动按钮，绿灯亮，油泵电机启动；需要油泵停止时，再按一次相对应的红色油泵停止按钮，绿灯灭，油泵立即停止。

（5）翻料螺旋的启动与停止：按下绿色螺旋启动按钮，绿灯亮，翻料螺旋电机启动；再按一次相对应的红色螺旋停止按钮，绿灯灭，翻料螺旋立即停止。

（6）纵向行走大车前进的启动与停止：按下绿色前进按钮，绿灯亮，大车前进启动，大车从出料端向进料端行驶；再按一次相对应的红色停止按钮，绿灯灭，大车前进立即停止。

（7）纵向行走大车后退的启动与停止启停：按下绿色后退按钮，绿灯亮，大车后退启动，大车从进料端向出料端行驶；再按一次相对应的红色停止按钮，绿灯灭，大车后退立即停止。

（8）横向移动小车的左移或右移和翻料螺旋提升与下降的启停，操作方法同上。

2. 说明事项

（1）横向移动小车左移，操作者面对操作面板，横向移动小车从右向左运动。

（2）横向移动小车右移，操作者面对操作面板，横向移动小车从左向右运动。

（3）翻料螺旋提升的运动方向，翻料螺旋的搅拌臂向脱离发酵槽的方向运动。

（4）翻料螺旋下降的运动方向，翻料螺旋的搅拌臂向深入发酵槽的方向运动。

3. 手动模式作业注意事项

（1）当安装调试阶段或维修后调试，如调整大车轨道直线度、螺旋提升、下降、小车左移、右移、大车前进、后退时，可以不启动翻料螺旋电机，只需启动油泵即可。

（2）前进、后退、左移、右移、提升、下降只允许同时使用一种操作，不允许同时启动二种以上的操作。

（3）当出现紧急情况时，如翻料螺旋危及人生安全或设备动作失灵，应立即切断处于操作面板右侧的总电源开关。

（4）当全部手动操作结束时，应检查所有的绿灯熄灭，并将旋钮开关拨至停止位置，断开总电源开关。

（三）操作半自动模式进行作业

半自动操作是设备最常用的一种操作模式，尤其是在生产工艺尚未规范之前，建议使用此模式。半自动操作模式分为遥控器启动方式和按钮启动方式两种。

1. 操作遥控器启动方式进行作业

操作者提前将旋钮开关拨至半自动方式，使紧急停止按钮抬起，复位按钮抬起（红灯熄灭），合上总电源开关，操作者便可在距离设备 60m 范围之内开始半自动遥控操作。

遥控器配有 4 个操作键，键 1 代表半自动前进启动，键 2 代表半自动后退启动，键 3 代表复位，键 4 代表复位恢复。每按 4 个键之一，红色小灯应点亮，否则说明电池用尽或电池极性装反或遥控器损坏。螺旋式深槽发酵干燥设备遥控接收器安装在设备电控柜内。

遥控器半自动启动操作流程：

按下键 3 使螺旋式深槽发酵干燥设备做好启动准备。

按下键 4 使螺旋式深槽发酵干燥设备处于准备启动状态。

按下键 1 使设备立即执行半自动前进程序，设备立即启动。执行的顺序为：

（1）翻料螺旋电机启动，油泵电机及风机启动。

（2）翻料螺旋搅拌臂下降，当下降至限位处停止。

（3）小车带动翻料螺旋左移翻动物料，至限位处停止。

（4）大车前进 0.6m 后停止。

（5）小车带动翻料螺旋右移翻动物料，至限位处停止，大车又前进 0.6m 后停止，工作流程返回到步骤（3）。

（6）当大车从出料端工作到进料端限位时，大车自动停止。

（7）翻料螺旋搅拌臂提升至限位处自动停止。

（8）小车脱离限位处。

（9）大车后退，当从进料端退回到出料端限位时，大车停止。

（10）翻料螺旋电机、油泵电机、风机均停止工作。一次完整的半自动前进操作结束。

注意事项：

一是在操作过程中设备执行部件危及人身安全或设备工作发生异常，应立即按遥控器键3，使整个设备停止运行，并迅速切断电控柜总电源开关。二是在遥控操作前设置半自动操作时，如果先合上总电源开关，在转动旋钮开关前应先按下操作面板的复位启动按钮，再转动旋钮开关拨至半自动方式，以防错误执行自动方式和定时方式，然后再将复位按钮恢复（灯熄灭）。三是遥控半自动操作时，红色旋钮开关必须处于半自动位置。四是遥控半自动操作结束时，应切断总电源开关并将红色旋钮开关拨至停止位置。五是在使用遥控器时，不允许按下键1后又按键2或者按下键2后又按键1，否则系统立即执行半自动后退或前进与设备正在执行的功能相反，有可能造成液压系统及电气系统损坏或造成动作混乱。

按下键3再按键4，再按键2后退程序，设备立即后退（后退时不搅拌），当设备后退到出料端自动停止，按键3停止。

2. 操作按钮启动方式进行作业

此方式与遥控器半自动启动方式的流程完全一致，操作区别是：用操作面板第5排的自动前进按钮代替遥控器的键1；用操作面板第5排的自动后退按钮代替遥控器的键2；用复位按钮代替遥控器的键3和键4，按下复位按钮（红灯亮）相当于按下遥控器键3，抬起复位按钮（红灯熄灭）相当于按下遥控器的键4。

（四） 操作自动模式进行作业

1. 自动模式的初始状态

大车处于发酵槽出料端端头，小车处于大车中央位置，翻料螺旋处于上限位。

2. 自动模式作业流程

自动模式启动后，小车开始左移工作，当小车左移至左移限位处，小车停止左移，大车前进上一段距离后停止；小车开始右移工作，当小车右移至右移限位处，小车停止右移，大车前进一段距离后停止；小车再次开始左移工作。如此反复，当大车到达进料端端头限位时，一次工作进程结束。

3. 注意事项

（1）当油泵或螺旋搅拌电机故障时，设备会发出声光报警，设备同时被禁止各种操作。此时操作者进行维修。

（2）当设备在工作中出现异常现象或危及人身安全时，可按下紧急停止按钮或切断总电源，使总电源处于"分"的位置。

（3）自动方式和定时方式不允许一般操作人员使用。因为自动方式的功能与半自动相同，差别是采用自动方式可以使设备自动重复若干次。定时方式更不能随意使用，因为一旦设置为定时方式，设备到某一时间便会自动启动；如果没有严格的管理制度或确定的工艺流程，设备突然启动会危及人身安全，夜间启动还会失去对设备的监控。自动模式和定时方式均需对智能控制器进行参数设定，所以不允许一般操作人员使用。

第十五章 设施养猪装备故障诊断与排除

相关知识

一、背负式机动弥雾喷粉机工作过程

喷粉机弥雾作业时，汽油机带动风机叶轮旋转，产生高速气流，并在风机出口处形成一定压力，其中，大部分气流从风机出口流入喷管，而少量气流经挡风板、进气软管，再经滤网出气口，返入药液箱内，使药液箱内形成一定的压力。药液在风压的作用下，经输液管、开关把手组合、喷口，从喷嘴周围流出，流出的药液被喷管内高速气流冲击而弥散成极细的雾滴，吹向物体。水平射程可达 10 ~ 12m，雾滴粒径平均100 ~ 120μm。

喷粉过程与弥雾过程相似，风机产生的高速气流，大部分经喷管流出，少量气流则经挡风板进入吹粉管。进入吹粉管的气流由于速度高并有一定的压力，这时，风从吹粉管周围的小孔吹出来，将粉松散并吹向粉门，由于输粉管出口处的负压，将粉剂农药吹向弯管内，之后被从风机出来的高速气流吹向作物茎叶上，完成了喷粉过程。

二、常温烟雾机工作过程

常温烟雾机（以 3YC - 50 型为例）工作时，大电机驱动空气压缩机产生压力为1.5 ~ 2.0MPa 的高压空气，高压空气通过空气胶管和进气管进入到喷头的涡流室内，形成高速旋转的气流，并在喷嘴处产生局部真空，药箱中的药液通过输液管被吸入到喷嘴处喷出，喷出的药液和高速旋转的气流混合后就被雾化成雾滴粒径小于 20μm 的烟雾。这时小电机带动轴流风机转动，在产生的风力作用下烟雾被吹向远方。最远距离可达到30m，烟雾扩散幅宽可达 6m。经过 30 ~ 60min 的吹送，药液烟雾可以飘逸到密闭的猪舍内各处，并在空间悬浮 2 ~ 3h，从而达到为舍内各物体表面和舍内空气消毒灭菌的目的。用该机进行猪舍消毒，操作人员不必进入舍内。

三、螺旋挤压式固液分离设备工作过程

该设备的工作过程是将牧场产生的粪污泵入平衡槽内，然后由两根软管输入脱水器底部，在搅笼和不锈钢网筒的搅动过滤作用下，大部分水分被滤网脱出，在出水口由两支软管送达五辊分离机底部接液盘内，同五辊分离出的水分一起被送到沼液池内；同时物料沿螺旋上升，在顶部含水量为 83% ~ 89% 的肥料经出料斗滑到五辊分离机进料口内，经五辊分离机进一步碾压，含水量为 70% ~ 78% 的干肥料沿五辊下端的刮板排出。

四、螺旋式深槽发酵干燥设备的工作过程

该设备是利用塑料大棚中形成的温室效应，充分利用太阳能来对粪便进行干燥处理。纵向行走大车放置在发酵槽轨道上，可沿发酵槽轨道纵向移动。横向移动小车安装

在纵向行走大车上的轨道上，可以实现翻料螺旋的横向移动。翻料螺旋安装在横向移动小车上，通过纵向行走大车、横向移动小车在纵横两个方向上的移动可以使翻料螺旋到达发酵槽的任意位置，进行旋转翻料。当含水率70%左右的粪便从大棚一端卸入槽内，启动设备后，纵向、横向行走车如图15-1中带箭头的"之"字形行走，线条为翻料螺旋运动轨迹，大箭头为物料移动方向。物料在发酵槽中缓慢移动完成发酵过程。当粪便被推到大棚另一端时，含水率已经降至30%左右，整个发酵处理过程30天左右。当物料充满发酵槽后，每天可以从进料端投入一定量的未发酵物料，从出料端得到发酵的有机肥料产品。

　　该设备的螺旋搅拌器具有3个功能：一是将料层底部的物料搅拌翻起并沿螺旋倾斜方向向后抛撒，使物料在运动过程中与空气充分接触，为物料充分发酵补充所需的氧气；二是翻动物料时，可加速发酵热量蒸发的水分蒸发；三是可将物料从进料端逐渐向出料端输送。

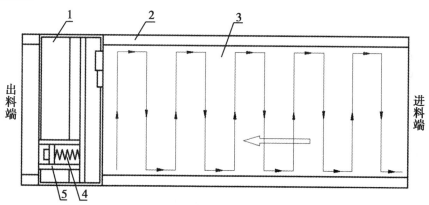

图15-1　螺旋式深槽发酵干燥设备运行轨迹

1-纵向行走大车；2-发酵槽轨道；3-发酵槽；4-翻料螺旋；5-横向移动小车

操作技能

一、背负式手动喷雾器常见故障诊断与排除（表15-1）

表15-1　背负式手动喷雾器常见故障诊断与排除

故障名称	故障现象	故障原因	排除方法
压杆下压费力	塞杆下压费力，压盖顶端冒水。松手后，杆自动上升	1. 气筒有裂纹 2. 阀壳中铜球有脏污，不能与阀体密合，失去阀的作用	1. 焊接修复 2. 清除脏污或更换铜球
塞杆下压轻松	塞杆下压轻松，松手自动下降，压力不足，雾化不良	1. 皮碗损坏 2. 底面螺丝松动 3. 进水球阀脏污 4. 吸水管脱落 5. 安全阀卸压	1. 修复或更换皮碗 2. 拧紧螺帽 3. 清洗球阀 4. 重新安装吸水管 5. 调整或更换安全阀弹簧

续表

故障名称	故障现象	故障原因	排除方法
压盖漏气	气筒压盖和加水压盖漏气	1. 垫圈、垫片未垫平或损坏 2. 凸缘与气筒脱焊	1. 调整或更换新件 2. 焊修
雾化不良	喷头雾化不良或不出液	1. 喷头片孔堵塞或磨损 2. 喷头开关调节阀堵塞 3. 输液管堵塞 4. 药箱无压力或压力低	1. 清洗或更换喷头片 2. 清除 3. 清除 4. 旋紧药箱盖，检查并排除压力低故障
漏液	连接部位漏水	1. 连接部位松动 2. 密封垫失效 3. 喷雾盖板安装不对	1. 拧紧连接部位螺栓 2. 更换密封垫 3. 重新安装

二、背负式机动弥雾喷粉机常见故障诊断与排除（表15-2）

表15-2 背负式机动弥雾喷粉机常见故障诊断与排除

故障名称	故障现象	故障原因	排除方法
喷粉时有静电	喷粉时产生静电	喷粉时粉剂在塑料喷管内高速冲刷，摩擦起电	在两卡环间以铜线相连，或用金属链将机架接地
喷雾量减少	喷雾量减少或不喷雾	1. 开关球阀或喷嘴堵塞 2. 过滤网组合或通气孔堵塞 3. 挡风板未打开 4. 药箱盖漏气 5. 汽油机转速下降 6. 进气管扭瘪	1. 清洗开关球阀和喷嘴 2. 清洗通气孔 3. 打开挡风板 4. 检查胶圈并盖严 5. 查明原因并排除故障 6. 通管道或重新安装
药液进入风机	药液进入风机	1. 进气塞与胶圈间隙过大 2. 胶圈腐蚀失效 3. 进气塞与过滤阀组合之间进气管脱落	1. 更换进气胶圈或在进气塞的周围缠布 2. 更换胶圈 3. 重新安装并紧固
药粉进入风	药粉进入风机	1. 吹粉管脱落 2. 吹粉管与进气胶圈密封不严 3. 加粉时风门未关严	1. 重新安装 2. 密封严实 3. 先关好风门再加粉
喷粉量少	喷粉量少	1. 粉门未全打开或堵塞 2. 药粉潮湿 3. 进气阀未全打开 4. 汽油机转速较低	1. 全打开粉门或清除堵塞 2. 换用干燥的药粉 3. 全打开进气阀 4. 检查排除汽油机转速较低故障
风机故障	运转时，风机有摩擦声和异响	1. 叶片变形 2. 轴承失油或损坏	1. 校正叶片或更换 2. 轴承加油或更换轴承

续表

故障名称	故障现象	故障原因	排除方法
二冲程汽油机燃油系故障	油路不畅或不供油导致启动困难	1. 油箱无油或开关未打开 2. 接头松动或喇叭口破裂 3. 汽油滤清器积垢太多，衬垫漏气 4. 浮子室油面过低，三角针卡住 5. 化油器油道堵塞 6. 油管堵塞或破裂 7. 二冲程汽油机燃油混合配比不当	1. 加油，打开开关 2. 紧固接头，改制喇叭口 3. 清洗滤清器，紧固或更换衬垫 4. 调整浮子室油面，检修三角针 5. 疏通油道 6. 疏通堵塞或更换油管 7. 按比例调配燃油
	混合气过浓导致启动困难	1. 空滤器堵塞 2. 化油器阻风门打不开或不能全开 3. 主量孔过大，油针旋出过多； 4. 浮子室油面过高 5. 浮子破裂	1. 清洗滤网，必要时更换润滑油 2. 检修阻风门 3. 检查主量孔，调整油针 4. 调整浮子室油面 5. 更换浮子
	混合气过稀导致启动困难、功率不足，化油器回火	1. 油道油管不畅或汽油滤清器堵塞 2. 主量孔堵塞，油针旋入过多 3. 浮子卡住或调整不当，油面过低 4. 化油器与进气管、进气歧管与机体间衬垫损坏或紧固螺丝松动 5. 油中有水	1. 清洗油道，疏通油管，清洗滤清器 2. 清洗主量孔，调整油针 3. 检查调整浮子，保持油面正常高度 4. 更换损坏的衬垫，均匀紧固拧紧螺丝 5. 放出积水
	怠速不良，转速过高或不稳	1. 节气门关闭不严或轴松旷 2. 怠速量孔或怠速空气量孔堵塞 3. 浮子室油面过高或过低 4. 衬垫损坏，进气歧管漏气，化油器固定螺丝松动	1. 检修节气门与节气门轴 2. 清洗疏通油道及油、气量孔 3. 调整浮子室油面高度 4. 更换衬垫，紧固螺丝
	加速不良，化油器回火，转速不易提高	1. 浮子室油面过低 2. 混合气过稀 3. 加速量孔或主油道堵塞 4. 主量孔堵塞或调节针调节不当 5. 油面拉杆调整不当 6. 节气阀转轴松旷，只能怠速运转，不能加速	1. 调整浮子室油面 2. 调整进油量 3. 清洗加速量孔或主油道 4. 清洗主量孔，调整调节针 5. 调节拉杆，使节气阀能全开 6. 修理或更换新件

故障名称	故障现象	故障原因	排除方法
二冲程汽油机点火系故障	火花塞火花弱，起动困难	1. 火花塞绝缘不良或电极积炭，触点有油污，不跳火 2. 电容器、点火线圈工作不良 3. 电容器搭铁不良或击穿 4. 分火头有裂纹漏电	1. 如高压线端跳火强而电极间火花弱，说明火花塞绝缘不良、电极积炭或触点有油污，清除积炭和油污或更换新件 2. 更换新件 3. 拆下重新安装，使搭铁良好 4. 更换分火头
	怠速正常高速断火	1. 火花塞电极间距过大 2. 点火线圈或电容器有破损	1. 按要求调整电极间距 2. 更换新件
	加大负荷即断火	1. 火花塞电极间距过大 2. 火花塞绝缘不良	1. 按要求调整电极间距 2. 更换火花塞
	磁电机火花微弱	1. 断电器触点脏污或间隙调整不当 2. 电容器搭铁不良或击穿 3. 磁铁退磁 4. 感应线圈受潮 5. 断电器弹簧太软	1. 清理、磨平、调整触点间隙，必要时更换 2. 卸下并打磨搭铁接触部位，重新安装 3. 充磁 4. 烘干 5. 更换
	点火过早或过迟	1. 点火时间调整不当 2. 触点间隙调整不当	1. 按规定调整点火时间 2. 按要求调整点火间隙
运转不平稳	爆燃有敲击声和发动机断火	1. 发动机发热 2. 浮子室有水和沉积机油	1. 停机冷却发动机，避免长期高速运转 2. 清洗浮子室；燃油中混有水也可造成发动机断火，更换燃油

三、常温烟雾机常见故障诊断与排除

常温烟雾机常见常见故障诊断与排除参照前述的电机、风机、喷雾系统等相关故障进行。

四、螺旋挤压式固液分离设备常见故障诊断及排除（表15-3）

表15-3　螺旋挤压式固液分离设备常见故障诊断及排除

故障名称	故障现象	故障原因	排除方法
电机不运转	通电后，电机不运转	1. 电源线路断开 2. 电压不足 3. 电机损坏 4. 管路堵塞	1. 接通电源线路 2. 调整电压 3. 修理或更换电机 4. 停机清除堵塞物
出料太湿	出料太湿	1. 高低液位开关失效 2. 溢流管高度不合适	1. 调整或更换液位开关 2. 调整溢流管高度
平衡槽溢粪	粪污溢出平衡槽	溢流管堵塞	停机清除堵塞物
管道渗漏	管道或接头漏水	1. 管道坏 2. 接头松	1. 修复 2. 拧紧接头

五、螺旋式深槽发酵干燥设备常见故障诊断及排除（表 15 – 4）

表 15 – 4　螺旋式深槽发酵干燥设备常见故障诊断及排除

故障名称	故障现象	故障原因	排除方法
大车运行啃轨	大车运行啃轨	1. 两侧轨道高度差过大 2. 轨道水平弯曲过大 3. 车轮的安装位置不正确 4. 桥架变形 5. 轨道顶面有油污、杂物等，引起两侧车轮的行进速度不一样	1. 采用增减垫板法来消除两侧道轨之间的高低误差 2. 调整轨距和减少道轨水平弯曲 3. 调整车轮跨度和对角线值待参数，恢复车轮正确位置 4. 校正或找供应商解决 5. 清除油污和杂物
螺栓叶片变形	螺旋叶片变形	有大块杂物堵塞	清除堵塞杂物
设备不能启动	设备处于非手动时不能启动	1. 复位按钮处于无效状态 2. 紧急停止按钮处于无效状态	1. 使复位按钮处于有效状态 2. 使紧急停止按钮处于有效状态

第十六章　设施养猪装备技术维护

相关知识

一、机器零部件拆装的一般原则

（一）拆卸时一般应遵守的原则

机器拆卸的目的是为了检查、修理或更换损坏的零件。拆卸时必须遵守以下原则：

1. 拆卸前首先应弄清楚所拆机器的结构原理、特点，防止拆坏零件。

2. 应按合理的拆卸顺序进行，一般是由表及里，由附件到主机，由整机拆卸成总成，再将总成拆成零件或部件。

3. 掌握合适的拆卸程度。该拆卸的必须拆卸，不拆卸就能排除故障的，不要拆卸。盲目拆卸不仅浪费工时，而且会使零件间原有的良好配合关系、配合精度破坏，缩短零件使用寿命，甚至留下故障隐患。

4. 应使用合适的拆卸工具。在拆卸难度大的零件时，应尽量使用专用拆卸工具，避免猛敲狠击而使零件变形或损坏。

5. 拆卸时应为装配做好准备。为了顺利做好装配要做到：

（1）核对记号和做好记号　有不少配合件是不允许互换的，还有些零件要求配对使用或按一定的相互位置装配。例如气门、轴瓦、曲轴配重、连杆和瓦盖、主轴瓦盖、中央传动大、小锥齿轮、定时齿轮等，通常制造厂均打有记号，拆卸时应查对原记号。对于没有记号的，要做好记号，以免装错。

（2）分类存放零件　拆卸下的零件应按系统、大小、精度分类存放。不能互换的零件应存放在一起；同一总成或部件的零件放在一起；易变形损坏的零件和贵重零件应分别单独存放，精心保管；易丢失的小零件，如垫片、销子、钢球等应存放在专门的容器中。

（二）装配时注意事项

1. 保证零件的清洁。装配前零件必须进行彻底清洗。经钻孔、铰孔或镗孔的零件，应用高压油或压缩空气冲刷表面和油道。

2. 做好装配前和装配过程中的检查，避免不必要的返工。凡不符合要求的零件不得装配，装配时应边装边检查。如配合间隙和紧度、转动的均匀性和灵活性、接触和啮合印痕等，发现问题应及时解决。

3. 遵循正确的安装顺序。一般是按拆卸相反的顺序进行。按照由内向外逐级装配的原则，并遵循由零件装配成部件，由零件和部件装配成总成，最后装配成机器的顺序进行。并注意做到不漏装、错装和多装零件。机器内部不允许落入异物。

4. 采用合适的工具，注意装配方法，切忌猛敲狠打。

5. 注意零件标记和装配记号的检查核对。凡有装配位置要求的零件（如定时齿轮等）、配对加工的零件（如曲轴瓦片、活塞销与铜套等）以及分组选配的零件等均应进行检查。

6. 在封盖装配之前，要切实仔细检查一遍内部所有的装配零部件、装配的技术状态、记号位置、内部紧固件的锁紧等，并做好一切清理工作，再进行封盖装配。

7. 所有密封部件，其结合平面必须平整、清洁，各种纸垫两面应涂以密封胶或黄油。装配紧固螺栓时，应从里向外，对称交叉的顺序进行，并做到分次用力，逐步拧紧。对于规定扭矩的螺栓需用扭矩扳手拧紧，并达到规定的扭矩，保证不漏油、不漏气、不漏水。

8. 各种间隙配合件的表面应涂以机油，保证初始运转时的润滑。

二、油封更换要点

1. 油封拆卸后，一定要更换新的油封。

2. 在取下油封时，不要使轴表面受到损伤。

3. 在以新油封更换时，在腔体孔内留约 2mm 接缝，当新油封的唇口端部与轴接触，将旧油封的接触部撤开。

4. 先在轴表面及倒角处薄薄的涂覆润滑油或矿物油。

5. 将轴插入油封时或正在插入时，要仔细防止唇口部分翘起，并保持油封中心与轴中心同心。

三、滚动轴承的更换

滚动轴承一般有外圈、内圈、滚动体和保持架组成，在内外圈上有光滑的凹槽滚道，滚动体可沿着滚道滚动，形成滚动摩擦。它具有摩擦小、效率高、轴向尺寸小、装拆方便等特点。滚动轴承是标准配件，轴承内圈和轴的配合是基孔制，轴承外圈和轴承孔的配合是基轴制，配合的松紧程度由轴和轴孔的尺寸公差来保证。

1. 滚动轴承更换的条件

（1）轴承径向或轴向间隙过大。如锥形齿轮轴等，允许轴承的径向晃动量为 0.1 ~ 0.2mm，轴向晃动量为 0.6 ~ 0.8mm；一般部位的轴承允许径向晃动量为 0.2 ~ 0.3mm，轴向晃动量 0.8 ~ 1mm。

（2）轴承滚道有麻点、坑疤等缺陷。

（3）由于缺油导致轴承变色或抱轴。

（4）珠子保持架破裂。

（5）珠子不圆或破碎。

（6）轴承转动不灵活或经常卡住。

（7）轴承内套或外套有裂纹。

（8）连续运行已达到使用期限。

2. 滚动轴承的拆装

拆卸轴承的工具多用拉力器。在没有专用工具的情况下，可用锤子通过紫铜棒（或软铁）敲打轴承的内外圈，取下轴承。轴承往轴上安装或拆下时，应加力于轴承的内圈（图 16 - 1）；轴承往轴承座上安装或拆下时，应加力于轴承的外圈（图 16 - 2）。以单列向心球轴承拆装为例。

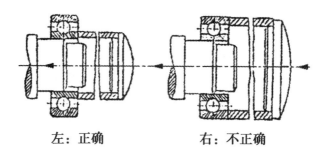

左：正确　　　　　　　　　右：不正确

图 16 - 1　轴承往轴上安装

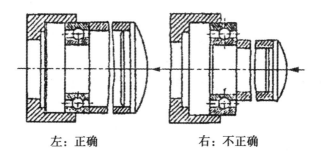

左：正确　　　　　　　　　右：不正确

图 16 - 2　轴承往轴承座内安装

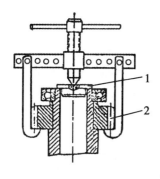

图 16 - 3　单列向心球轴承的拆卸

1 - 丝杠顶板；2 - 辅助零件

（1）单列向心球轴承的拆卸　拆卸单列向心球轴承时，把拉力器丝杠的顶端放在轴头（或丝杠顶板）的中心孔上，爪钩通过半圆开口盘（或辅助零件）钩住紧配合（吃力大）的轴承内（或外）圈，转动丝杠，即可把轴承拆下（图 16 - 3）。

（2）单列向心球轴承的安装　安装单列向心球轴承时，应把轴颈和轴承座清洗干净，各连接面涂一层润滑油。可用压力机把轴承压入轴上（或轴承座内），也可以垫一段管子或紫铜棒用锤子把轴承逐渐打入。轴承往轴上安装时，压力或锤子击力必须加在轴承内圈上；而往轴承座内安装时，力则应加在轴承外圈上。

四、电气设备故障的维修方法

（一）电路故障诊断与分析

总的来说，电路故障无非就是短路、断路和接头连接不良及测量仪器的使用错误等。以断路和短路为例。

1. 断路故障的判断

断路最显著的特征是电路中无电流（电流表无读数），且所有用电器不工作，电压表读数接近电源电压。此时可采用小灯泡法、电压表法、电流表法、导线法等与电路的一部分并联进行判断分析。

（1）小灯泡检测法　将小灯泡分别与逐段两接线柱之间的部分并联，如果小灯泡发光或其他部分能开始工作，则此时与小灯泡并联的部分断路。

（2）电压表检测法　把电压表分别和逐段两接线柱之间的部分并联，若有示数且比较大（常表述为等于电源电压），则是和电压表并联的部分断路（电源除外）。电压表有较大读数，说明电压表的正负接线柱已经和相连的通向电源的部分与电源形成了通路，断路的部分只能是和电压表并联的部分。

（3）电流表检测法　把电流表分别与逐段两接线柱之间的部分并联，如果电流表有读数，其他部分开始工作，则此时与电流表并联的部分断路。注意，电流表要用试触法选择合适的量程，以免烧坏电流表。

（4）导线检测法　将导线分别与逐段两接线柱之间的部分并联，如其他部分能开始工作，则此时与导线并联的部分断路。

2. 短路故障的判断

并联电路中，各用电器是并联的，如果一个用电器短路或电源发生短路，则整个电路就短路了，后果是引起火灾、损坏电源，因而是绝对禁止的。串联短路也可能发生整个电路的短路，那就是将导线直接接在了电源两端，其后果同样是引起火灾、损坏电源，也是绝对禁止的。较常见的是其中一个用电器发生局部短路，一个用电器两端电压突然变大，或两个电灯中突然一个熄灭，另一个同时变亮，或电路中的电流变大等。

短路的具体表现，一是整个电路短路。电路中电表没有读数，用电器不工作，电源发热，导线有糊味等。二是串联电路的局部短路。如某用电器（发生短路）两端无电压，电路中有电流（电流表有读数）且较原来变大，另一用电器两端电压变大，一盏电灯更亮等。短路情况下，应考虑是"导线"成了和用电器并联的电流的捷径，电流表、导线并联到电路中的检测方法已不能使用，因为它们的电阻都很小，并联在短路部分对电路无影响。并联到其他部分则可引起更多部位的短路，甚至引起整个电路的短路，烧坏电流表或电源。所以，只能用电压表检测法或小灯泡检测法。

（1）电压表检测法　把电压表分别和各部分并联，导线部分的电压为零表示导线正常，如某一用电器两端的电压为零，则此用电器短路。

（2）小灯泡检测法　把小灯泡分别和各部分并联，接到导线部分时小灯泡不亮（被短路）表示导线正常。如接在某一用电器两端小灯泡不亮，则此用电器短路。

（二）电气设备维修原则

1. 先动口，再动手

应先询问产生故障的前后经过及故障现象，先熟悉电路原理和结构特点，遵守相应规则。拆卸前要充分熟悉每个电气部件的功能、位置、连接方式及周围其他器件的关系，在没有组装图的情况下，应一边拆卸，一边画草图，并记上标记。

2. 先外后内

应先检查设备有无明显裂痕、缺损、了解其维修史，使用年限等，然后再对机内进行检查，拆前应排除周边的故障因素，确定为机内故障后才能拆卸。否则，盲目拆卸，可能使设备越修越坏。

3. 先机械后电气

只有在确定机械零件无故障后，再进行电气方面的检查。检查电路故障时，应利用检测仪器寻找故障部件，确认无接触不良故障后，再有针对性地查看线路与机械的动作关系，以免误判。

4. 先静态后动态

在设备未通电时，判断电气设备按钮接触器、热继电器以及保险丝的好坏，从而断定故障的所在。通电试验听其声，测参数判断故障，最后进行维修。如电机缺相时，若测量三相电压值无法判断时，就应该听其声单独测每相对地电压，方可判断那一相缺损。

5. 先清洁后维修

对污染较重的电气设备，先对其按钮、接线点、接触点进行清洁，检查外部控制键是否失灵，许多故障都是由脏污及导电尘块引起的。经清洁故障往往会排除。

6. 先电源后设备

电源部分的故障率在整个故障设备中占的比例很高，所以先检修电源往往可以事半功倍。

7. 先普遍后特殊

因装配配件质量或其他设备故障而引起的故障，一般占常见故障的50%，电气设备的特殊故障多为软故障，要靠经验和仪表来测量和维修。例如，一个0.5kW电机带不动负载，有人认为是负载故障，根据经验用手抓电机，结果是电机本身问题。

8. 先外围后内部

先不要急于更换损坏的电气部件，在确认外围设备电路正常时，再考虑更换损坏的电气部件。

9. 先直流后交流

检修时，必须先检查直流回路静态工作点，再检查交流回路动态工作点。

10. 先故障后调试

对于调试和故障并存的电气设备，应先排除故障，再进行调试，调试必须在电气线路正常的前提下进行。

（三）电气设备维修方法

1. 分析电路故障时要逐个判断故障原因，把较复杂的电路分成几个简单的电路来看。

2. 用假设法，假设这个地方有了故障，会发生什么情况。

3. 工作中要不断总结规律，在实践中寻找方法。

4. 要通过问、看、闻、听等手段，掌握检查、判定故障的方法。要向操作者和故障在场人员询问情况，包括故障外部表现、大致部位、发生故障时的环境情况。要根据调查情况。看有关电器外部有无损坏、连线有无断路、松动，绝缘有无烧焦，螺旋熔断器的熔断指示器是否跳出，电器有无进水、油垢，开关位置是否正确等。通过初步检查，确认不会使故障进一步扩大和造成人身、设备事故后，可进一步试车检查，试车中要注重有无严重跳火、异常气味、异常声音等现象，一经发现应立即停车，切断电源。注重检查电器的温升及电器的动作程序是否符合电气设备原理图的要求，从而发现故障部位正确排除。

总之，只有在工作实践中不断研究总结，才能正确掌握电路故障的排除方法，确保电器设备的正常运行。

五、判断三相电动机通电后电动机不能转动或启动困难方法

此故障一般是由电源、电动机及机械传动等方面的原因引起。

1. 电源方面

（1）电源某一相断路，造成电动机缺相启动，转速慢且有"嗡嗡"声，起动困难；若电源二相断路，电动机不动且无声。应检查电源回路开关、熔丝、接线处是否断开；熔断器型号规格是否与电动机相匹配；调节热继电器整定值与电动机额定电流相配。

（2）电源电压太低或降压启动时降压太多。前者应检查是否多台电动机同时启动或配电导线太细、太长 造成电网电压下降；后者、应适当提高启动电压，若是采用自耦变压器起动，可改变抽头提高电压。

2. 电动机方面

（1）定、转子绕组断路或绕线转子电刷与滑环接触不良，用万用表查找故障点并排除。

（2）定子绕组相间短路或接地，用兆欧表检查并排除。

（3）定子绕组接线错误，如误将三角形接成星形，应在接线盒上纠正接线；或某一相绕组首、末端接反，应先判别定子绕组的首、末端，再纠正接线。

判断绕组首、末端方法步骤如下：①用万用表电阻档判定同一相绕组的2个出线端。用一根表笔接任一出线端，另一表笔分别与其他5个线端相碰，阻值最小的二线端为同相绕组，并作标记。②用万用表直流电流档的小量程档位，判定绕组的首、末端。将任一相绕组的首端接万用表"－"极，末端接"＋"极，再将相邻相绕组的一端接电池负极，另一端碰电池正极观察万用表指针瞬时偏转方向，若为正偏，利用电磁感应原理，可判断与电池正极相碰的为首端，与电池负极相连的为末端，若为反偏，则相反。同理，可判断第三相绕组的首、末端。

（4）定、转子铁芯相碰（扫膛），检查是否装配不良或因轴承磨损所致松动，应重新装配或更换轴承。

3. 机械方面

（1）负载过重，应减轻负载或加大电动机的功率。

（2）被驱动机械本身转动不灵或被卡住。

（3）皮带打滑，调整皮带张力、涂石蜡。

六、三相异步电动机技术维护要求

1. 清洁电动机外部

了解异步电动机的铭牌，熟悉异步电动机结构原理。

2. 正确选用拆装工具和仪表

如铁锤、紫铜棒、拉具、扳手，兆欧表、万用表等工具的正确使用方法。

3. 掌握安全操作规程

4. 掌握电动机拆卸、装配要领

（1）应先切断电源，拆除电动机与三相电源线的连接，应做好电源线的相序标记

与绝缘处理。

（2）拆卸电动机与机座、皮带轮、联轴器的连接时，先做好相应定位标记，保证电动机与主体设备安全分离。

（3）端盖螺钉的松动与紧固必须按对角线上下左右依次旋动。

（4）吊装大型电动机的转子应对称平衡钢丝绳，地面铺好木垫，慢慢平移出转子时动作应小心，一边推送一边接引，防止擦伤定子绕组和转子绕组。

（5）依次对风罩、风叶、端盖、轴承、转子的拆卸清洗、检查与更换。

5. 掌握电动机测试、检修方法

操作技能

一、背负式手动喷雾器的技术维护

1. 作业后放净药箱内残余药液。

2. 用清水洗净药箱、管路和喷射部件，尤其是橡胶件。

3. 清洁喷雾器表面泥污和灰尘。

4. 在活塞筒中安装活塞杆组件时，要将皮碗的一边斜放在筒中，然后使之旋转，将塞杆竖直，另一只手帮助将皮碗边沿压入筒内就可顺利装入，切勿硬行塞入。

5. 所有皮质垫圈存放时，要浸足机油，以免干缩硬化。

6. 检查各部螺丝是否有松动、丢失。如有松动、丢失，必须及时旋紧和补齐。

7. 将各个金属零件涂上黄油，以免锈蚀。小零件要包装，集中存放，防丢失。

8. 保养后的机器应整机罩一塑料膜，放在干燥通风，远离火源，并避免日晒雨淋。以免橡胶件、塑料件过热变质，加速老化。但温度也不得低于0℃。

二、背负式机动弥雾喷粉机的技术维护

1. 按背负式手动喷雾器的程序进行维护保养。

2. 机油与汽油比例：新机或大修后前50h，比例为20∶1；其他情况下，比例为25∶1。混合油要随用随配。加油时必须停机，注意防火。

3. 机油应选用二冲程专用机油，也可以用一般汽车用机油代替，夏季采用12号机油，冬季采用6号机油，严禁实用拖拉机油底壳中的机油。

4. 启动后和停机前必须空载低速运转3~5min，严禁空载大油门高速运转和急剧停机。新机器在最初4h，不要加速运转，每分钟4 000~4 500转即可。新机磨合要达24h以后方可加负荷工作。

5. 喷施粉剂时，要每天清洗汽化器、空气滤清器。

6. 长塑料管内不得存粉，拆卸之前空机运转1~2min，借助喷管之风力将长管内残粉吹尽。

7. 长期不用应放尽油箱内和汽化器沉淀杯中的残留汽油，以免油针等结胶。取出空气滤清器中的滤芯，用汽油清洗干净。从进气孔向曲轴箱注入少量优质润滑油，转动曲轴数次。

8. 防锈蚀。用木片刮火花塞、气缸盖、活塞等部件和积炭，并用润滑剂涂抹，同

时润滑各活动部件，以免锈蚀。

三、常温烟雾机的技术维护

1. 参照背负式手动和机动喷雾器的程序进行维护保养。

2. 参照对电动机、空气压缩机、风机用线路等机电共性技术维护内容进行。

四、螺旋挤压式固液分离设备的技术维护

1. 维修期间，所有开关始终保持关闭状态。

2. 参照机电设备常规技术维护进行维护。

3. 每班下班前清洗分离机进料夹层，以免粪渣淤塞影响分离效果。如发现出液口流出液体少，可单独做几次停、开动作，如果没有效果则表示筛网需要清洗，一般情况下，使用15～20天需清洗一次。

清洗步骤：

（1）停止泵运行，让主机螺旋单独旋转，待出渣翻板处停止挤出固体为止。

（2）将出渣翻板所属部件从主轴箱上拆下。

（3）将螺杆旋松取出。

（4）先将卸料口螺栓取下，随后取下螺旋轴，拆下筛网。

（5）用清水及铜丝板刷将筛网清洗干净。

（6）重新组装。

值得注意的是在取下网筛的同时需注意网筛的导轨位置，最好做上记号，安装时仍然保持原来的位置。否则在以后的运转中，将加大网筛的磨损，自然也就会影响挤压机的出料效率。安装好后，按要求进行试车。

4. 累计运行720h后，检查轴承并加注润滑油，如轴承过度磨损应立即更换。

5. 电子元件等损坏后，只能更换指定型号的电子元件等。

五、螺旋式深槽发酵干燥设备的技术维护

1. 维修或保养设备时要断开电源，并在电源开关处挂上"检查和维修保养中"的标牌，以防止他人误开电源。

2. 未经培训的操作者，不许打开该设备的电控柜门对内部进行触摸。遇异常情况应断开总电源，在检修人员未到时，不得再启动。

3. 只有将复位按钮按下再抬起，方可执行指定的工作模式流程作业。

4. 在执行手动操作时，遇紧急情况应切断电源或按油泵停止按钮。

5. 定时向轴承、齿轮和链条等传动件加注润滑油。

6. 随时检查并调整大车的跑偏缺陷。

六、进行三相异步电动机技术维护

1. 清洁电动机外部，了解异步电动机的铭牌，熟悉异步电动机基本结构。

2. 正确选用拆装工具和仪表。如铁锤、紫铜棒、拉具、扳手，兆欧表、万用表等工具的正确使用方法。

3. 拆卸电动机：

（1）拆卸电动机之前，必须拆除电动机与外部电气连接的连线，并做好相位标记。

（2）拆卸步骤：带轮或联轴器；前轴承外盖；前端盖；风罩；风扇；后轴承外盖；后端盖；抽出转子；前轴承；前轴承内盖；后轴承；后轴承内盖。

（3）皮带轮或联轴器的拆卸：拆卸前，先在皮带轮或联轴器的轴伸端作好定位标记，用专用位具将皮带轮或联轴器慢慢位出。拉时要注意皮带轮或联轴器受力情况，务必使合力沿轴线方向，拉具顶端不得损坏转子轴端中心孔。

（4）拆卸端盖、抽转子：拆卸前，先在机壳与端盖的接缝处（即止口处）作好标记以便复位。均匀拆除轴承盖及端盖螺栓拿下轴承盖，再用两个螺栓旋于端盖上两个顶丝孔中，两螺栓均匀用力向里转（较大端盖要用吊绳将端盖先挂上）将端盖拿下（无顶丝孔时，可用铜棒对称敲打，卸下端盖，但要避免过重敲击，以免损坏端盖）。对于小型电动机抽出转子是靠人工进行的，为防手滑或用力不均碰伤绕组，应用纸板垫在绕组端部进行。

（5）轴承的拆卸、清洗：拆卸轴承应先用适宜的专用拉具。拉力应着力于轴承内圈，不能拉外圈，拉具顶端不得损坏转子轴端中心孔（可加些润滑油脂）。在轴承拆卸前，应将轴承用清洗剂洗干净，检查它是否损坏，有无必要更换。

4. 装配异步电动机：

（1）用压缩空气吹净电动机内部灰尘，检查各部零件的完整性，清洗油污等。

（2）装配异步电动机的步骤与拆卸相反。装配前要检查定子内污物，锈是否清除，止口有无损坏伤，装配时应将各部件按标记复位，并检查轴承盖配合是否合适。

（3）轴承装配前，轴上先抹的油，可采用热套法和冷装配法装配。

5. 拆装注意事项：

（1）拆移电机后，电机底座垫片要按原位摆放固定好，以免增加钳工对中的工作量。

（2）拆、装转子时，不得损伤绕组，拆前、装后均应测试绕组绝缘及绕组通路。

（3）拆、装时不能用手锤直接敲击零件，应垫铜、铝棒或硬木，对称敲。

（4）装端盖前应用粗铜丝，从轴承装配孔伸入钩住内轴承盖，以便于装配外轴承盖。

（5）.用热套法装轴承时，只要温度超过100°，应停止加热，工作现场应放置灭火器。

（6）清洗电机及轴承的清洗剂（汽、煤油）不准随使乱倒，必须倒入污油井。

（7）检修场地需打扫干净。